SHENGMING DE JINHUA

本书编写组◎编

生命的进化

WPC

世界图书出版公司

广州·北京·上海·西安

揭开未解之谜的神秘面纱，探索扑朔迷离的科学疑云；让你身临其境，受益无穷。书中还有不少观察和实践的设计，读者可以亲自动手，提高自己的实践能力。对于广大读者学习、掌握科学知识也是不可多得的良师益友。

图书在版编目（CIP）数据

生命的进化/《生命的进化》编写组编. —广州：广东世界图书出版公司，2009.11（2024.2 重印）

ISBN 978 - 7 - 5100 - 1197 - 9

Ⅰ. 生… Ⅱ. 生… Ⅲ. 进化学说－青少年读物 Ⅳ. Q111 - 49

中国版本图书馆 CIP 数据核字（2009）第 204899 号

书　　名	生命的进化	
	SHENGMING DE JINHUA	
编　　者	《生命的进化》编写组	
责任编辑	韩海霞	
装帧设计	三棵树设计工作组	
出版发行	世界图书出版有限公司　世界图书出版广东有限公司	
地　　址	广州市海珠区新港西路大江冲 25 号	
邮　　编	510300	
电　　话	020-84452179	
网　　址	http://www.gdst.com.cn	
邮　　箱	wpc_gdst@163.com	
经　　销	新华书店	
印　　刷	唐山富达印务有限公司	
开　　本	787mm×1092mm　1/16	
印　　张	10	
字　　数	120 千字	
版　　次	2009 年 11 月第 1 版　2024 年 2 月第 11 次印刷	
国际书号	ISBN　978-7-5100-1197-9	
定　　价	48.00 元	

前　言
PREFACE

　　生命从何而来？人类的有识之士自蒙昧时代起，就在不停地思考着这个问题。于是各种各样的生命的起源说出现了——自然发生说、神创论、无始无终论……人们就在不断地提出假说中摸索探究。

　　最初，人们发现，垃圾成堆的地方过一段时间后会出现苍蝇蚊子，腐草中会出现萤火虫，烧过的草地会再长出草来，所以人们认为，生命是自然发生的。但是，经过严格的实验，人们发现，自然发生说错了——这些现象没有排除从外界引入生命的可能。

　　在黑暗的中世纪，持上帝创造生命一说的天主教会禁锢了一切异见。于是，上帝在七天之内创造了所有的事物，而且他们一成不变的说法成为金科玉律。……但是总有人不迷信于上帝和《圣经》的权威，他们提出各种各样的问题，让神创论不攻自破——没有太阳计时，一开始上帝如何确定一天？地层中的化石是什么原因？为什么鲫鱼长期养殖后会变得漂亮？伏尔泰发动了"圣战"，上帝的权威被打破了。

　　自然神论的出现，使得人们认为生命是无始无终的——从来生命就是这样。但是人工繁殖物种的变异，使得人们开始怀疑这一点——生命不是无始无终么？

　　在这个时刻，达尔文提出了进化论。他的进化论虽然带有很强的社会意义，但是还是为生物界注入了新的动力。经过长时间不断地完善，进化论被人们所广泛接受。此后，经过多年的研究，科学家们基本同意了如下的观点，即生命首先通过化学进化产生，然后再以变异——选择的方式进化。

　　那么，又产生了一个问题：生命如何进化？经过多年的研究，科学家基

本同意了如下的观点，即生命首先通过化学进化产生，然后再以变异——选择的方式进化。

　　本书通过讲述地球的历史、生命的起源，以及生命的历程，使青少年读者能够了解包括人类自身在内的生物的起源，乃至完整的生命进化历程。具体说来，书中包括植物、微生物和动物的进化等内容。目前已知的动物种类大约有150万种，可分为无脊椎动物和脊椎动物两大类。其中，脊椎动物包括鱼类、两栖类、爬行类、鸟类、哺乳类五大种类。因此，为了方便读者阅读，本书在编排方式上将植物和微生物的进化内容放在一章介绍，将脊椎动物的进化分别放在本书第三章、第四章、第五章中介绍；而将无脊椎动物的进化单独作为一章进行介绍。本书语言通俗易懂，图文并茂，所引用的资料比较翔实。融知识性和趣味性于一体，是一本适合广大青少年读者阅读的科普书。

　　因成书比较仓促，不足之处在所难免，恳请读者批评指正。

目 录

生命的进化

SHENGMING DE JINHUA

　　本章主要讲述生命的起源、生命的进化历程乃至未来的生命状态等内容。那么，什么是生命呢？生命泛指有机物和水构成的一个或多个细胞组成的一类具有稳定的物质和能量代谢现象（能够稳定地从外界获取物质和能量并将体内产生的废物和多余的热量排放到外界）、能回应刺激、能进行自我复制（繁殖）的半开放物质系统。

　　生命个体通常都要经历出生、成长和死亡。生命种群则在一代代个体的更替中经过自然选择发生进化以适应环境。病毒在有寄主可寄生的时候，会表现出生命现象；但在没有寄主可寄生的时候，不会表现生命现象，所以病毒是介于生命与无生命之间的一种奇妙的生物。

地球的历史

　　要了解生命的进化需要先了解地球的历史。我们把地史划分为 5 个代，代以下再分纪、世等；与地质时代单位相应的地层单位称界、系、统等。

　　地层单位分国际性地层单位、全国性或大区域性地层单位和地方性地层单位。

　　国际性地层单位适用于全世界，是根据生物演化阶段划分的。因为生物门类（纲、目、科）的演化阶段，全世界是一致的，所以据此划分的地层单位必然适用于世界各地，称国际性地层单位，包括界、系、统。具体解释如下：

界——国际性通用的最大的地层单位，包括一个代的时间内所形成的地层。

系——界的一部分，是国际地层表中的第二级单位，代表一个纪的时间内所形成的地层。系一般是根据首次研究的典型地区的古地名、古民族名或岩性特征等命名的。如寒武系、奥陶系、石炭系、白垩系等。

统——系的一部分，是国际地层表中的第三级单位，代表一个世的时间内所形成的地层。

全国性或大区域性地层单位有阶、时带，地方性地层单位有群、组、段、层。

地质时代单位有代、纪、世、期、时。

代——地质时代的最大单位，在代的时间内形成界的地层。代的名称和界的名称相符合。如，太古代、元古代、古生代、中生代和新生代。

纪——代的一部分，代表形成一个系的地层所占的时间。纪的名称和系的名称符合，如寒武纪、奥陶纪等。

震旦纪——很早以前，在我国（特别在北方）就发现在古老变质岩系（前震旦亚界）之上，含有丰富化石的寒武系之下，发育了一套巨厚的、完整的、没有变质的或变质程度很低的沉积岩系，其中除含有大量藻类化石外，很少发现其他生物遗迹，当初就把这套地层命名为震旦系，其时代称震旦纪。震旦是中国的古称。中国是震旦系发育最好的国家，地层完整，剖面清楚，分布广泛。因此，我国很早就把震旦系列入我国地质年代表中。

寒武纪——因英国的寒武山脉（今译坎布连山脉）而得名。

奥陶纪和志留纪——根据英国威尔士一个古代民族居住的地方名称和古代民族名称命名的。

泥盆纪——因英国西南部泥盆州（现译为得文郡）海相岩系而得名。

石炭纪——因英格兰的高山灰岩及其含煤层而得名。

二叠纪——最初得名于乌拉尔山西坡的彼尔姆州。"二叠"则因该时代德国南部地层可以分为上下两套而得名。

三叠纪——当初按德国南部地层的三分性特点而命名。

侏罗纪——按法瑞交界地方侏罗山（现译为汝拉山）地层研究而命名。

白垩纪——按英吉利海峡两岸主要由白垩土地层构成而命名。

地质年代表及其出现的生物特征如下表：

代 纪 世	代号 起始时间（百万年）	生物开始出现类型
新生代 第四纪 全新世	Qh 0.01	人类出现
晚更新世	Qp	
中更新世	Qp2	
早更新世	Qp1 1.64	
新近纪 上新世	N2 5.00	
中新世	N1 23.3	近代哺乳类出现
古近纪 渐新世	E3 37.5	
始新世	E2 50	
古新世	E1 65	鱼类出现
中生代 白垩纪	K 135	被子植物、浮游钙藻出现
侏罗纪	J 208	鸟类哺乳类出现
三叠纪	T 250	蜥龙 鱼龙出现
晚古生代 二叠纪	P 290	兽行型类 裸子植物出现
石炭纪	C 362	坚孔类 种子蕨 科达类出现
泥盆纪	D 410	总鳍鱼类 节蕨 石松 真蕨植物出现
早古生代 志留纪	S 439	裸蕨植物出现
奥陶纪	O 510	无颌类出现
寒武纪	570	硬壳动物出现
新元古代 震旦纪	Z 680	不具硬壳动物出现
南华纪	Nh 800	
青白口纪	Qb 1000	多细胞动物 高级藻类出现
中元古代 蓟县纪	JX 1400	真核动物出现（绿藻）
长城纪	Ch 1800	

续 表

代 纪 世	代号 起始时间（百万年）	生物开始出现类型
古元古代 滹沱纪	Hl 2300	
五台纪	Wt 2500	
新太古代	Ar3 2800	原核生物出现（菌类及蓝藻）
中太古代	Ar2 3200	
古太古代	Ar1 3600	生命现象开始出现
始太古代	Ar0 45oo	

地 球

　　地球是人类居住的星球，它是太阳系中直径、质量和密度最大的类地行星。它与太阳的平均距离为149597870千米（1天文单位），在行星中排第三位，它的赤道半径为6378.2千米，其大小在行星中列第五位，是一个两极略扁的不规则椭球体。它也经常被称作世界。英语的地球（Earth）一词来自于古英语及日耳曼语。目前，地球已有44亿~46亿岁，有一颗天然卫星——月球围绕着地球以30天的周期旋转。地球自西向东自转，同时又围绕太阳公转。地球自转与公转运动的结合使其产生了地球上的昼夜交替和四季变化(地球自转和公转的速度是不均匀的)。

■■ 生命的起源

　　46亿年前，刚刚形成的地球是一个没有生命的世界。那时，天空中赤日炎炎、电闪雷鸣，地面上火山喷发、熔岩横溢。从火山中喷出的甲烷、氨、氢、水蒸气等气体包围在地球表面，形成了原始大气层。原始大气与现在的大气成分完全不同：没有氧，也没有臭氧层，太阳的紫外线直射到地面上。在紫外线、宇宙射线、闪电、高温等自然条件长期作用下，原始大气中的各种成分不断发生合成或分解反应，形成了多种简单的有机物，这就为原始生命的产生创造了物质条件。

大约在39亿年前，地球的温度逐渐降低，但火山的喷发仍然很频繁，地壳也发生了变化，有些地方隆起形成高原和山脉，有些地方下降形成洼地和山谷。同时，大气中的水蒸气不断增多。当水蒸气达到饱和状态，冷却以后，便成为雨水降落到地面，汇入洼地，形成原始海洋。原始大气中的简单有机物也随着雨水进入原始海洋。在原始海洋中，这些简单的有机物在一定条件下，不断地进行反应，经过极其漫长的岁月，逐渐形成了原始生命。因此，原始海洋是原始生命诞生的摇篮。

由此可知，地球刚形成时是没有生命的，原始生命是在原始地球条件下，由非生命物质经过极其漫长的岁月逐渐形成的。

科学家们还进行了大量的科学实验来研究生命的起源。1965年，我国生物学家首次人工合成了简单的蛋白质分子——结晶牛胰岛素。1953年，美国学者米勒首次模拟原始大气成分，合成出了简单的有机物。这些实验对人们认识生命起源的过程有着十分重要的意义。虽然目前人们对生命起源的详细过程知道的还不多，但是随着科学技术的发展和研究手段的提高，人类总有一天会揭开生命起源的全部秘密。

 知识点

有机物

有机物即有机化合物，即与机体有关的化合物（少数与机体有关的化合物是无机化合物，如水），通常指含碳元素的化合物，但一些简单的含碳化合物，如一氧化碳、二氧化碳、碳酸盐、金属碳化物、氰化物、碳酸、硫氰化物等除外，其中心碳原子是以氢键结合。除含碳元素外，绝大多数有机化合物分子中含有氢元素，有些还含氧、氮、卤素、硫和磷等元素。目前已知的有机化合物近8000万种。早期，有机化合物系指由动植物有机体内取得的物质。自1828年维勒人工合成尿素后，有机物和无机物之间的界线随之消失，但由于历史和习惯的原因，"有机"这个名词仍沿用下来。有机化合物对人类具有重要意义，地球上所有的生命形式，主要是由有机物组成的。

生命的进化过程

据科学家分析，生物体都是由碳、氢、氮、氧等元素组成的物质构成，而这些元素在非生物环境里都能找到。也就是说，组成生物体物质的元素，没有一种是生物体本身独有的。这说明了组成生物和非生物物质的元素都是共通的。

生命的起源是一个长期的演化过程，这个过程是在原始地球条件下开始进行的。原始大气成分中由碳、氢、氮、氧等元素组成的甲烷、氨和水汽等物质，在大自然各种射线和闪电等因素的作用下，形成了许多与生命有关的较为简单的有机物，并通过雨水作用，经湖泊、河流最后汇集到原始海洋中。在原始海洋中，这些有机物不断地相互作用，经过极其漫长的岁月，生成了蛋白质和核酸等较为复杂的有机物。后来，这些有机物再经过原始海洋中各种条件的激烈变化，在极其漫长的岁月中，逐渐形成了既能吸取外界物质，又能排除自身废物，具有原始新陈代谢和自我繁殖的、有一定结构的原始生命体。原始生命体再经过极其漫长的历程，才逐步进化成现在所看到的丰富多彩的生物世界。

地球上原本没有生命，大约在 38 亿年前才出现了生命。地球上最早的生命是由非生命物质转化来的，因此现在生存的各种生物有着共同的祖先。原始的生命并不具有细胞结构，后来才出现了少数的单细胞，这类生物在适当的条件下不断地分化、演变，一些进化成植物，另一些进化成动物直至人类。据估计，现在生存在地球上的生物约有 500 万～1000 万种，而只占曾经生存在地球上生物的一小部分，远不到 10%。

生物的进化不仅表现在物种和数量的增加，还表现在生物的结构趋于复杂和不断完善。在进化过程中，生物的种类由少到多，生物的结构和功能由简单到复杂，由低等到高等。

1809 年，法国学者拉马克《动物哲学》出版，最早提出了生物进化论。1831 年，英国学者达尔文的《物种起源》为进化论奠定了基础，提出了"物竞天择，适者生存"。1929 年，中国古生物学家裴文中发现了第一个"北京人"头盖骨，推进了人类起源的研究。近年来，由于完整基因组研究所产生的进化基因组学将为研究生命的起源和进化开拓新的途径。

地球上形形色色的生物是怎样进化来的？通过科学家辛勤的研究探索，终于找到了大量说明生物进化的可靠证据，同时，也有许多事实说明了生物进化的历程。

植物进化历程

植物的进化是遵循着由简单到复杂、由水生到陆生的方向进行的。原始单细胞绿藻在原始海洋中，经过漫长的年代，进化为多细胞藻类。后来，由于地壳的剧烈运动，不少水域变成陆地，某些绿藻进化为蕨类植物，适应陆地环境。以后由于陆地气候干燥，蕨类植物进化为裸子植物，用种子繁殖，完全摆脱对水域的依赖。再经过一段时期，某些裸子植物变为被子植物，更能适应外界不良条件，成为今天植物界的主角。植物的这一进化历程，可以比喻为一棵有很多树杈的大树，通常叫做植物进化系统树或植物界进化系统图。

动物进化历程

化石的材料说明，在无脊椎动物中，原始海洋中出现最早的是单细胞的原生动物，经过漫长的时间，进化为原始的多细胞动物。以后原始海洋中才出现腔肠动物、扁形动物、线形动物、环节动物、软体动物和节肢动物等越来越高等的多细胞无脊椎动物。脊椎动物是由无脊椎动物进化来的。最早出现的脊椎动物是原始鱼类。经过漫长的年代，由于气候发生季节性干旱，某些鱼类开始向陆地发展，进化成两栖动物。一些两栖动物再进化成原始爬行动物。一些爬行动物又进化成鸟类和哺乳动物。哺乳动物和鸟类的体温稳定，增强了对环境的适应性，分布范围广。从动物进化系统树可以看出，动物界的进化，同样是从单细胞到多细胞，身体的结构由简单逐渐趋向复杂，生活环境则由水生生活逐渐过渡到陆生生活。

动物进化树

物种起源

《物种起源》（The Origin of Species）是达尔文（Charles Robert Darwin, 1809—1882 年）论述生物进化的重要著作，出版于 1859 年。该书是 19 世纪最具争议的著作，其中的观点大多数为当今的科学界普遍接受。在该书中，达尔文首次提出了进化论的观点。他使用自己在 1830 年代环球科学考察中积累的资料，试图证明物种的演化是通过自然选择（天择）和人工选择（人择）的方式实现的。

《物种起源》自 1859 年在英国伦敦出版以来，受到众多市民的热烈欢迎，被争相购买。这本书的第一版 1250 册在出版之日就全部售罄。它以全新的进化思想推翻了神创论和物种不变论，把生物学建立在科学的基础上，提出震惊世界的论断：生命只有一个祖先，生物是从简单到复杂，从低级到高级逐渐发展而来的。它发表传播后，生物普遍进化的思想以及"物竞天择，适者生存"的进化论已为学术界、思想界公认为 19 世纪自然科学的三大发现之一。

20 世纪 40 年代初，英国人霍尔丹和美籍苏联生物学家杜布赞斯在达尔文思想的影响下，创立了"现代进化论"。可以说，这本书在人类思想发展史上是最伟大、最辉煌的划时代的里程碑，对人类历史有着极大的影响。

生命进化概论

进化的进步性

地球上的生命，从最原始的无细胞结构生物进化为有细胞结构的原核生物，从原核生物进化为真核单细胞生物，然后按照不同方向发展，出现了真菌界、植物界和动物界。植物界从藻类到裸蕨植物再到蕨类植物、裸子植物，最后出现了被子植物。动物界从原始鞭毛虫到多细胞动物，从原始多细胞动物到出现脊索动物，进而演化出高等脊索动物——脊椎动物。脊椎动物中的鱼类又演化到两栖类再到爬行类，从中分化出哺乳类和鸟类，哺乳类中的一支进一步发展为高等智慧生物，这就是人。

生物界的历史发展表明，生物进化是从水生到陆生、从简单到复杂、从低等到高等的过程，从中呈现出一种进步性发展的趋势。一般说来，进化过程的进步具有如下特征：

1. 在生物界的前进运动中，可以看到不同层次的形态结构的逐步复杂化和完善化；与此相应，生理功能也日益专门化，效能亦逐步增高。

2. 从总体上看，遗传信息量随着生物的进化而逐步增加。

3. 内环境调控的不断完善及对环境分析能力和反应方式的发展，加强了机体对外界环境的自主性，扩大了活动范围。

生物进化的道路是曲折的，表现出种种特殊的复杂情况。除进步性发展外，生物界中还存在特化和退化现象。特化不同于全面的生物学的完善化，它是生物对某种环境条件的特异适应。这种进化方向有利于一个方面的发展却减少了其他方面的适应性，如马由多趾演变为适于奔跑的单蹄。当环境条件变化时，高度特化的生物类型往往由于不能适应而灭绝，如爱尔兰鹿，由

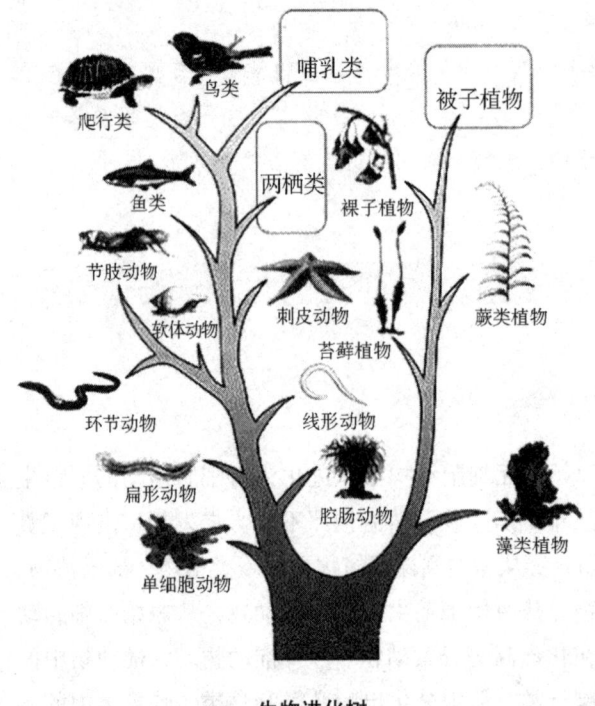

生物进化树

于过分发达的角对生存弊多利少，终于灭绝。对寄生或固有生活方式的适应，也可使机体某些器官和生理功能趋向退化。如有一种深海寄生鱼，雄体寄生在雌体上，雄体消化器官退化，惟有精巢特别膨大，以保证种族繁衍。

有些研究者对进化的进步性表示怀疑，认为进步性不是进化的基本特征，也不是进化的本质。科学研究证明，进化不全都引起进步，进化过程中也有退化，但从有机界总的进化过程看，进步性发展是进化的主流和本质。

进化的方式

生物界各个物种和类群的进化，是通过不同方式进行的。物种形成（小进化）主要有两种方式：一种是渐进式形成，即由一个种逐渐演变为另一个或多个新种；另一种是爆发式形成，即多倍化种形成，这种方式在有性生殖的动物中很少发生，但在植物的进化中却相当普遍，世界上约有一半左右的植物种是通过染色体数目的突然改变而产生的多倍体。物类形成（大进化）常常表现为爆发式的进化过程，从而使旧的类型和类群被迅速发展起来的新生的类型和类群所替代。

渐进进化是达尔文进化论的一个基本概念。达尔文认为，在生存斗争中，由适应的变异逐渐积累就会发展为显著的变异而导致新种的形成。因为"自然选择只能通过累积轻微的、连续的、有益的变异而发生作用，所以不能产

生巨大的或突然的变化，它只能通过短且慢的步骤发生作用"。与达尔文的主张相反，早期遗传学家如荷兰的弗里斯等相信，新种可由大的不连续变异即突变直接产生，并把这种方式看做是进化变化的主要源泉，认为自然选择对生物的进化不起积极作用。现代进化论坚持达尔文的渐变论思想和自然选择的创造性作用，强调进化是群体在长时期的遗传上的变化，认为通过突变（基因突变和染色体畸变）或遗传重组、选择、漂变、迁移和隔离等因素的作用，整个群体的基因组成就会发生变化，造成生殖隔离，演变为不同物种。20 世纪 70 年代以来，一些古生物学者根据化石记录中显示出的进化间隙，提出间断平衡学说，代替传统的渐进观点。他们认为物种长期处于变化很小的静态平衡状态，由于某种原因，这种平衡会突然被打断，在较短时间内迅速成为新种。

　　生物的进化既包含有缓慢的渐进，也包含有急剧的跃进；既是连续的，又是间断的。整个进化过程表现为渐进与跃进、连续与间断的辩证统一。

　　现在地球上的生物是那样的丰富多彩，种类繁多。可是，你有没有想过，地球上这些形形色色的生物最初是怎样起源的？后来又是怎样演变和进化的？

生命进化的证据

　　构成地球表层的成层岩石，叫做地层。一般情况下，先沉积的地层在下面，后沉积的地层在上面，所以，下面的地层的年代比上面的古老。人们在挖掘地层时，常常发现一些古代生物的遗体和遗迹。这些生物的遗体和遗迹，经过若干万年矿物质的填充和交换作用，已形成了生物化石。这样，生物化石就成了证明生物进化的可靠证据。从不同地层出土的古代生物化石显示：结构越简单的生物化石，出现在越古老的地层里；相反，结构越复杂的生物化石，出现在越新近的地层里。这充分说明，生物是由结构简单逐渐向结构复杂进化的。

蕨

例如，在距今35亿多年以前的地层里，发现的只是结构简单的细菌和蓝藻化石。而在距今3亿多年以前的地层里，已开始出现原始的蕨类植物——裸蕨，它是由一些古代绿藻演变而来的最古老、最原始的陆生植物。

这时，鱼类繁盛，两栖类开始出现。在距今1.5亿年以前的地层里，发现了始祖鸟的化石。它既有爬行动物的一些特征，又有鸟类的特征。这证明了鸟类是由古代的爬行动物进化而来的。在这个地层里，也看到了裸子植物已进入极盛时期，而在此之前，又曾经出现过种子蕨。这是蕨类植物和种子植物之间的过渡类型，说明了种子植物是从蕨类植物进化而来的。

另外，在脊椎动物发育过程中所出现的许多相似的地方，也是动物进化的有力证据。例如，鱼、鸡、猪和人，彼此之间形态差异极为显著，但它们的胚胎早期却很相似，都有鳃裂和尾；以后出现乳头突起，分别演变为鱼鳍（鱼）、鸟翼（鸡）、四肢（猪和人）；最后才表现出各自形态。

鸡

猪   人

上述事实说明，现在地球上多姿多彩的生物，不是从地球一开始就这样的，而是自从地球上出现了最原始的生命体以后，经过几十亿年的漫长时间逐步发展进化而来的。

生物进化的原因

　　我们已经知道了现代的生物是由古代的生物经过长期进化而来的。那么，生物进化的原因是什么？生物进化的过程又是怎样的？

自然选择

　　英国博物学家达尔文经过多年考察和研究，认为自然界中物种多样性是自然选择的结果。达尔文认为，动植物都具有很强的繁殖能力，但是实际上每种生物的后代，能够发育长大而生存下来的个体却很少。为什么会有这样的现象？达尔文认为，这是由于过度繁殖而导致个体间生存斗争的结果。

　　地球上生物赖以生存的生活条件（食物、空间和水体等）是有一定限度的，过度繁殖的大量生物个体要生存下去，就得进行生存斗争。生物的生存斗争，除了个体（同种生物或不同种生物）之间在争夺有限的生活条件而进行殊死斗争以外，还有生物与自然条件（干旱、寒冷等）之间的斗争。在生存斗争过程中，那些具有有利于生存的变异个体，就容易生存下来并且繁殖后代；那些具有不利于生存的变异的个体，则容易被淘汰。地球上的各种生物通过激烈的生存斗争，适应者生存下来，不适应者则被淘汰。达尔文把在生存斗争中适者生存，不适者被淘汰的过程，叫做自然选择。

　　达尔文的自然选择学说，正确地解释了生物界的多样性和适应性。这对于人们正确认识生物界具有重要的意义。

　　长颈鹿的祖先，有的颈和前肢长些，有的颈和前肢短些，而颈和前肢

青年时期的达尔文

长颈鹿

长短的性状是可以遗传的。后来，它们生活的地区气候变得干旱了，地上的青草减少了，这时，颈和前肢长的由于能够吃到树上高处的树叶而容易生存下来，并且繁殖后代；而那些颈和前肢短的由于吃不到足够的食物而容易被淘汰。就是这样，经过漫长年代的一代代选择，颈和前肢短的就一代代被淘汰，而颈和前肢长的就逐渐地变得越来越长而成为现代的长颈鹿。由此可见，长颈鹿的长颈和长的前肢，是自然选择的结果。

达尔文的祖父和父亲都是有名的医生。达尔文从小活泼好动，喜欢采集昆虫，尤其热衷于打猎和探险。16岁时，父亲送他到爱丁堡大学学医，以继承祖业。但他对医学并不感兴趣，常到海边向人学习采集生物标本，以及对动物进行解剖、分类和作观察记录。19岁那年，达尔文又进入剑桥大学学习神学。在此期间，他从朋友处学会了发掘、鉴定地质矿物标本等本领，为他后来从事自然科学研究奠定了基础。4年以后，经朋友推荐，达尔文以博物学者的身份登上"贝格尔"号远航考察船，随船进行为期5年的科学考察。在考察中，他认真调查当地自然资源，仔细观察当地的动植物，并收集了大量矿物和动植物标本，还认真地坚持写考察日记。他从各地的所见所闻中，清楚地看到随着时间的推移，生物是在逐渐进化的。于是，他怀着极大的兴趣开始研究其中的原因。就这样，他经过大量的观察和调查研究，于1859年出版了《物种起源》这部巨著，在前人进化思想的基础上，提出了以自然选择学说为基础的生物进化理论，对生物进化作出了科学的解释。达尔文的进化论被恩格斯赞誉为19世纪自然科学的三大发现（能量守恒和转换定律、细胞学说和进化论）之一。

人工选择

在自然界里，对于动物和植物起选择作用的是各种自然条件；而在人工饲养和栽培的情况下，对于动物和植物起选择作用的却是人的意愿。

随着人类历史的进展，人类有了原始的农业和畜牧业。人们在长期的饲养动物和栽培植物过程中，逐渐有意识地给予动物或植物一定的生活条件，有计划地根据人类生活和生产的需要以及观赏方面的嗜好，不断地选择优良的，淘汰低劣的，并且逐渐发展到运用杂交、嫁接、人工诱导变异等方法来培育、改良动植物，以创造经济效益显著的新类型。这种根据人们的需要和爱好，利用自然发生或人工诱发的变异，进行定向选择和培育创造生物新类型的过程，叫做人工选择。在生产实践中，通过人工选择而育出的农作物、家禽、家畜和观赏动植物等新品种的例子比比皆是。

品种不是分类学上的单位，是人类按照自身的要求，经过长期的选择、培育而得到的具有一定的经济价值，遗传性比较稳定和一致的一种栽培植物或家养动物的群体。

例如，野生甘蓝在人工的培养下，根据人们的需要，已经分别育成了结球甘蓝（椰菜）、花椰菜、球茎甘蓝（芥兰头）、抱子甘蓝、皱叶甘蓝、饲用甘蓝和西菜花等品种。又如莲，在人工培养下也形成了许多品种。

又如鸡的品种很多，但是，它们的祖先却是同一种野生鸡——原鸡。原鸡的体重约1千克，每年产卵只有8~12个。那么，原鸡怎么会被培育成现在这样种类繁多的良种鸡呢？达尔文认为原因有两点；第一，在不同的饲养条件下，原鸡产生了许多变异。例如，有的产蛋多些，有的长肉多些，而且这些变异都是可以遗传的。第二，人类根据各自的爱好，对具有不同变异的鸡

野 鸡

进行了选择。例如，有的人需要产蛋多的鸡，就会杀掉产蛋少的鸡，而留下产蛋多的鸡，用来繁殖后代。这样，逐代地选择下去，产蛋多的变异就会逐代地积累而得到加强。许多年以后，就培育出了产蛋多的良种鸡，如北京白鸡。

地球上的生命起源于非生命物质，这是一个长期的演化过程。原始地球大气在大自然各种射线和闪电等因素的长期作用下，形成了许多简单的有机物。这些有机物通过雨水最后汇集到原始海洋中，经过漫长岁月的不断相互作用，分解、合成与演化，终于形成了原始生命体。

地球上形形色色的生物，归根到底，都是从古代原始生命体进化而来的。地层里的生物化石是最可靠的证据。从一些过渡类型的生物（例如种子蕨、始祖鸟等），也可以看出生物从低级到高级的进化趋势。

生物进化的原因，可以用达尔文的自然选择学说来说明。这个学说的主要观点是生物在生存斗争中，适者生存，不适者被淘汰。自然选择促进了生物的进化。人工选择是人们利用自然发生或人工诱发的变异，进行定向选择和培育动植物新品种。

脊椎动物

脊椎动物是指有脊椎骨的动物，是脊索动物门中的脊椎动物亚门动物的总称。这一类动物一般体形左右对称，全身分为头、躯干、尾三个部分，躯干又被横膈膜分成胸部和腹部，有比较完善的感觉器官、运动器官和高度分化的神经系统。脊椎动物包括鱼类、两栖动物、爬行动物、鸟类和哺乳动物等五大类。脊椎动物数量最多，结构最复杂，进化地位最高，由软体动物进化而来。形态结构彼此悬殊，生活方式千差万别。

■ 生命进化学说

生命进化这门学科 19 世纪后用于生物学，专指生物由简单到复杂、由水生到陆生，由低级到高级的发展变化，又称作演化。evolution 这一词来自拉丁文 evolutio，表示展开或把一个卷紧的卷松开的意思。

历史中，达尔文把以前的生物变化思想的发展归根于关于万物互相转化和演变的自然观，由此可以追溯到人类文明的早期。例如，中国《易经》中的阴阳、八卦说，把自然界还原为天、地、雷、风、水、火、山、泽八种基本现象，并试图用"阴阳"、"八卦"来解释物质世界复杂变化的规律。古希腊阿那克西曼德（约公元前 6 世纪）认为生命最初由海中软泥产生，原始的水生生物经过蜕变（类似昆虫幼虫的蜕皮）而变为陆地生物。化石是生物进化的重要证据。

中世纪的西方，基督教《圣经》把世界万物描写成上帝的特殊创造物，这就是所谓特创论。与特创论相伴随的目的论则认为自然界的安排是有目的性的，"猫被创造出来是为了吃老鼠，老鼠被创造出来是为了给猫吃，而整个自然界创造出来是为了证明造物主的智慧"。从 15 世纪后半叶的文艺复兴到 18 世纪，是近代自然科学形成和发展时期。这个时期在科学界占统治地位的观点是不变论。当时这种观点被牛顿和林奈表达为科学的规律：地球由于所谓第一推动力而运转起来，以后就永远不变地运动下去，生物种原来是这样，现在和将来也是这样。到了 18 世纪下半叶，康德的天体论首先在不变论自然观上打开了第一个缺口；随后，转变论的自然观就在自然科学各领域中逐渐形成。这个时期的一些生物学家，往往在两种思想观点中入门彷徨。例如林奈晚年在其《自然系统》一书中删去了物种不变的词句；法国生物学家布丰虽然把转变论带进了生物学，但他一生都在转变论和不变论之间徘徊。

拉马克学说

拉马克在 1809 年出版的《动物哲学》一书中详细阐述了他的生物转变论观点，并且始终没有动摇。

18 世纪末至 19 世纪后期，大多数动植物学家都没有认真地研究生物进化，而且偏离了古希腊唯物主义传统，坠入唯心主义。"活力论"虽然承认生物种可以转变，但把进化原因归于非物质的内在力量，认为是生物的"内部的力量"即活力驱动着生物的进化，使之越来越复杂完善。但活力论缺乏实际的证据，是一种唯心的臆测。最有名的活力论者就是法国生物学家拉马克。19 世纪后期出现的终极目的论或直生论，认为生物进化有一个既定的路线和

方向而不论外界环境如何变化。后人把拉马克对生物进化的看法称为拉马克学说或拉马克主义。其主要观点是：

1. 物种是可变的，物种是由变异的个体组成的群体。

2. 在自然界的生物中存在着由简单到复杂的一系列等级（阶梯），生物本身存在着一种内在的"意志力量"驱动着生物由低的等级向较高的等级发展变化。

3. 生物对环境有巨大的适应能力；环境的变化会引起生物的变化，生物会由此改进其适应；环境的多样化是生物多样化的根本原因。

4. 环境的改变会引起动物习性的改变，习性的改变会使某些器官经常使用而得到发展，另一些器官不使用而退化；在环境影响下所发生的定向变异，即后天获得的性状，能够遗传。如果环境朝一定的方向改变，由于器官的用进废退和获得性遗传，微小的变异逐渐积累，终于使生物发生了进化。拉马克学说中的内在意志带有唯心论色彩；后天获得性则多属于表型变异，现代遗传学已证明它是不能遗传的。

达尔文学说：1858 年 7 月 1 日，达尔文与华莱士在伦敦林奈学会上宣读了关于物种起源的论文。后人称他们的自然选择学说为达尔文—华莱士学说。达尔文在 1859 年出版的《物种起源》一书中系统地阐述了他的进化学说。其核心自然选择原理的大意如下：生物都有繁殖过剩的倾向，而生存空间和食物是有限的，所以生物必须"为生存而斗争"。在同一种群中的个体存在着变异，那些具有能适应环境的有利变异的个体将存活下来，并繁殖后代，不具有有利变异的个体就被淘汰。如果自然条件的变化是有方向的，则在历史过程中，经过长期的自然选择，微小的变异就得到积累而成为显著的变异。由此可能导致亚种和新种的形成。达尔文的进化理论，从生物与环境相互作用的观点出发，认为生物的变异、遗传和自然选择作用能导致生物的适应性改变。它由于有充分的科学事实作根据，所以能经受住时间的考验，一百几十年来在学术界产生了深远的影响。但达尔文的进化理论还存在着若干明显的弱点：

1. 他的自然选择原理是建立在当时流行的"融合遗传"假说之上的。按照融合遗传的概念，父、母亲体的遗传物质可以像血液那样发生融合。这样任何新产生的变异经过若干世代的融合就会消失，变异又怎能积累？自然选择又怎能发挥作用呢？

2. 达尔文过分强调了生物进化的渐变性。他深信"自然界无跳跃"，用"中间类型绝灭"和"化石记录不全"来解释古生物资料所显示的跳跃性进化。他的这种观点近年正越来越受到间断平衡论者和新灾变论者的猛烈批评。

达尔文以后进化论得到进一步的发展。1865 年奥地利植物学家孟德尔从豌豆的杂交实验中得出了颗粒遗传的正确结论。他证明遗传物质不融合，在繁殖传代的过程中，可以发生分离和重新组合。20 世纪初遗传学建立，摩尔根等人进而建立了染色体遗传学说，全面揭示了遗传的基本规律。这本应弥补达尔文学说的缺陷，有助于进化论的发展；但当时大多数遗传学家（包括摩尔根在内），都反对达尔文的自然选择学说。人们对达尔文进化论的信仰，发生了严重的危机。

新拉马克主义与新达尔文主义

在 19 世纪末到 20 世纪初这个时期出现过一些新的进化学说。荷兰植物学家德·弗里斯在 20 世纪初根据月见草属的变异情况提出"物种通过突变而产生"的突变论，而反对渐变论。这个理论得到当时许多遗传学家的支持。某些拉马克学说的追随者们虽然抛弃了拉马克的内在意志概念，但仍强调后天获得性遗传，并认为这是进化的主要因素。20 世纪 50 年代在前苏联由李森科所标榜的米丘林学说，强调生物在环境的直接影响下能够定向变异、获得性能够遗传。所有这些观点被称为"新拉马克主义"。

魏斯曼在 1883 年用实验来证明获得性遗传的错误，强调自然选择是推动生物进化的动力，他的看法被后人称为"新达尔文主义"。

现代综合进化学说

20 世纪 20～30 年代，首先由费希尔、赖特和霍尔丹等人将生物统计学与孟德尔的颗粒遗传理论相结合，重新解释了达尔文的自然选择学说，形成了群体遗传学。以后切特韦里科夫、多布然斯基、赫胥黎、迈尔、阿亚拉、斯特宾斯、辛普森和瓦伦丁等人又根据染色体遗传学说、群体遗传学、物种的概念以及古生物学和分子生物学的许多学科知识，发展了达尔文学说，建立了现代综合进化论。现代综合进化论彻底否定获得性状的遗传，强调进化的

渐进性，认为进化是群体而不是个体的现象，并重新肯定了自然选择的压倒一切的重要性，继承和发展了达尔文进化学说。

中性学说和间断平衡论

1968 年，日本学者木村资生根据分子生物学的材料提出了分子进化中性学说（简称中性学说）。认为在分子水平上，大多数进化改变和物种内的大多数变异，不是由自然选择引起的，而是通过那些选择上中性或近乎中性的突变等位基因的随机漂变引起的，反对现代综合进化论的自然选择万能论观点。

1972 年，埃尔德雷奇和古尔德共同提出"间断平衡"的进化模式来解释古生物进化中的明显的不连续性和跳跃性，他们认为基于自然选择作用的种以下的渐进进化模式，即线系渐变模式，不能解释种以上的分类单元的起源，反对现代达尔文主义的唯渐进进化观点。这些争论仍在继续中。

未来的生命

宇宙是广漠空间、无限的时间和其中存在的各种天体以及弥漫物质的总称。宇宙是物质世界，它处于不断的运动和发展中。千百年来，科学家们一直在探寻宇宙是什么时候、如何形成的。直到今天，科学家们才确信，宇宙是由大约 150 亿年前发生的一次大爆炸形成的。在爆炸发生之前，宇宙内的所存物质和能量都聚集到了一起，并浓缩成很小的体积，温度极高，密度极大，之后发生了大爆炸。大爆炸使物质四散出击，宇宙空间不断膨胀，温度也相应下降，后来相继出现在宇宙中的所有星系、恒星、行星乃至生命，都是在这种不断膨胀冷却的过程中逐渐形成的。然而，大爆炸而产生宇宙的理论尚不能确切地解释"在所存物质和能量聚集在一点上"之前到底存在着什么东西。"大爆炸理论"是伽莫夫于 1946 年创建的。

现代宇宙系中最有影响的一种学说，又称大爆炸宇宙学。与其他宇宙模型相比，它能说明较多的观测事实。它的主要观点是认为宇宙曾有一段从热到冷的演化史。在这个时期里，宇宙体系并不是静止的，而是在不断地膨胀，使物质密度从密到稀地演化。这一从热到冷、从密到稀的过程如同一次规模

巨大的爆发。根据大爆炸宇宙学的观点，大爆炸的整个过程是：在宇宙的早期，温度极高，在100亿度以上。物质密度也相当大，整个宇宙体系达到平衡。宇宙间只有中子、质子、电子、光子和中微子等一些基本粒子形态的物质。但是因为整个体系在不断膨胀，结果温度很快下降。当温度降到10亿度左右时，中子开始失去自由存在的条件，它要么发生衰变，要么与质子结合成重氢、氦等元素；化学元素就是从这一时期开始形成的。温度进一步下降到100万度后，早期形成化学元素的过程结束。宇宙间的物质主要是质子、电子、光子和一些比较轻的原子核。当温度降到几千度时，辐射减退，宇宙间主要是气态物质，气体逐渐凝聚成气云，再进一步形成各种各样的恒星体系，成为我们今天看到的宇宙。

以上是宇宙的进化，是大范围的环境演变，是其他一切进化演变的基础，生命的进化主要谈的是宇宙这个大基调下的自然选择。

美国遗传学家戈德施米特认为，通常的自然选择，只能在物种的范围内，作用于基因而产生小的进化改变，即小进化；而由一个种变为另一个种的进化步骤则需要另一种进化方式，即大进化。他认为大进化就是通过他所假设的系统突变（涉及整个染色体组的遗传突变）而实现的。这样就可以一下子产生出一个新种甚至一个新属或新科。美国古生物学家辛普森同意把进化的研究分成两大领域：研究种以下的进化改变的小进化和研究种以上层次的进化的大进化，但并不同意戈氏的观点，他并不认为小进化与大进化是各自不同的或彼此无关的进化方式。

小进化研究种以下的进化改变，包括：

1. 小进化的因素和机制，研究遗传突变、自然选择、随机现象（如遗传漂变）等因素如何引起群体的遗传组成的改变等。

2. 种形成，研究新种的形成方式和过程，研究小进化因素如何导致同种的群体之间的隔离的形成和发展，研究种内分化和由亚种、半种到完全的种的发展过程等。

大进化研究种以上的分类单元在地质时间尺度上的进化改变，其对象主要是化石，最小研究单位是种。主要研究内容包括：

1. 种及种以上分类单元的起源和大进化的因素。

2. 进化型式，在时间向度上进化的线系的变化和形态。

3. 进化速度，形态改变的速度和分类单元的产生或绝灭速度，种的寿命等。

4. 进化的方向和趋势。

5. 绝灭的规律、原因及其与进化趋势、速度的关系等。

小进化与大进化在物种这一层次上相互衔接，事实上小进化与大进化都研究物种形成。关于小进化与大进化的关系问题，近年学术界展开了激烈的争论。间断平衡学派认为不能以小进化的机制来解释大进化的事实；而现代综合进化论则认为小进化是大进化的基础，小进化的机制在一定程度上是可以说明大进化的现象。

进化是生物逐渐演变向前发展的过程。在这个过程中，生物由低级发展到高级，由简单发展到复杂。今天地球上的各种生物，极少是和远古时代的祖先一模一样的。同样，在未来，各种生物又会和今天不同，这就是进化的结果。进化的过程是极其缓慢的，要经过长期的自然选择逐渐地演化。除了由低等进化到高等外，生物的种类也不断地增多。今天的物种远比5亿年前的物种多得多，今后还会不断地增加。

人口爆炸，已使地球不堪重负；环境污染，已使其伤痕累累；生态失衡，已使她失去了昔日的辉煌；物种灭绝危及整个生物圈。面对无穷无尽的污染，河流在悲泣，泉水在呻吟，海水在怒号。森林匿迹，溪流绝唱，草原退化，流沙尘扬。我们的地球，正超负荷运转；我们的家园，正走向衰亡。人类的警钟，自己把她敲响。挽救自然，挽救生态，挽救环境，挽救地球已刻不容缓。否则，人类的末日将是自己酿造的一杯毒酒。

物种灭绝

物种灭绝泛指植物或动物的种类不可再生性的消失或破坏。一株植物枯萎，一只动物死亡，有时并不仅仅意味着单个生命有机体的消失，也许凑巧是整个此类物种的灭绝。在世界范围内，生物物种正以前所未有的速度消失。而其中有一些物种已灭绝。到了1681年，渡渡鸟便在地球上消失了。1600—1800年间，地球上的鸟类和兽类物种灭绝25种；1800—1950年间，地球上的鸟类和兽类物种灭绝了 78 种。曾经生活在地球上的冰岛大海雀、北美旅鸽、南非斑驴、澳洲袋狼、直隶猕猴、高鼻羚羊、台湾云豹、麋鹿等物种已不复存在。

物种不复存在的想法由于与神学相悖，致使许多人难以接受。但早在 18 世纪末以前，博物学家们开始一致同意，在地球历史上，物种灭绝曾经多次出现。灭绝的走兽，特别是那些一度在地球上四处游荡的恐龙和其他庞大的野兽。它们遗留的化石使人们目瞪口呆。达尔文在南美洲发掘出几个"灭绝怪物"的化石。他在《物种起源》一书中写道："我想恐怕再也也没有人比我对物种灭绝更加惊奇了。"

植物和微生物的进化

ZHIWU HE WEISHENGWU DE JINHUA

　　狭义上的生物包括动物、植物和微生物等，本章内容讲的就是植物和微生物的进化。其中，植物是生物界中的一大类。一般有叶绿素、基质、细胞核，没有神经系统。分藻类、地衣、苔藓、蕨类和种子植物，种子植物又分为裸子植物和被子植物。植物是能够进行光合作用的多细胞真核生物。微生物则是一切肉眼看不见或看不清的微小生物。个体微小，结构简单，通常要用光学显微镜和电子显微镜才能看清楚的生物，统称为微生物。微生物包括细菌、病毒、真菌、酵母菌等。但有些微生物是可以看见的，像属于真菌的蘑菇、灵芝等。

▌▌▌ 植物概说

　　植物具有光合作用的能力——就是说它可以借助光能及动物体内所不具备的叶绿素，利用水、矿物质和二氧化碳生产食物。释放氧气后，剩下葡萄糖——含有丰富能量的物质，作为植物细胞的组成部分。

　　植物有明显的细胞壁和细胞核，其细胞壁由葡萄糖聚合物——纤维素构成。

　　所有植物的祖先都是单细胞非光合生物，它们吞食了光合细菌，二者形成一种互利关系：光合细菌生存在植物细胞内（所谓的内共生现象）。最后细菌蜕变成叶绿体，它是一种在所有植物体内都存在却不能独立生存的细胞器。

植物通常是不运动的，因为它们不需要寻找食物。

大多数植物都属于被子植物门，是有花植物，其中还包括多种树木。

太阳每时每刻都在向地

植　物

球传送着光和热，有了太阳光，地球上的植物才能进行光合作用。植物的叶子大多数是绿色的，因为它们含有叶绿素。叶绿素只有利用太阳光的能量，

植物园

才能合成种种物质，这个过程就叫光合作用。据计算，整个世界的绿色植物每天可以产生约4亿吨的蛋白质、碳水化合物和脂肪，与此同时，还能向空气中释放出近5亿吨的氧，为人和动物提供了充足的食物和氧气。

成千的植物物种被用来美化环境、提供绿荫、调整温度、降低风速、减少噪音和防止水土流失。人们会在室内放置切花、干燥花和室内盆栽，室外则会设置草坪、荫树、景观树、灌木、藤蔓、多年生草本植物和花坛花草。植物的意象通常被使用于美术、建筑、性情、语言、照相、纺织、钱币、邮票、旗帜和臂章上。活植物的艺术类型包括绿雕、盆景、插花和树墙等。观赏植物有时会影响到历史，如郁金

香狂热。植物是每年有数十亿美元的旅游产业的基本，包括到植物园、历史园林、国家公国、郁金香花田、雨林以及有多彩秋叶的森林等地的旅行。植物也为人类的精神生活提供基础需要。每天使用的纸就是用植物制作的；一些具有芬芳物质的植物则被人类制作成香水、香精等各种化妆品；许多乐器也是由植物制作而成；而花卉等植物更是成为装点人类生活空间的观赏植物。

光合作用

光合作用是绿色植物和藻类利用叶绿素等光合色素和某些细菌利用其细胞本身，在可见光的照射下，将二氧化碳和水（细菌为硫化氢和水）转化为有机物，并释放出氧气（细菌释放氢气）的生化过程。植物之所以被称为食物链的生产者，是因为它们能够通过光合作用利用无机物生产有机物并且贮存能量。通过食用植物及细菌，食物链的消费者可以吸收到植物及细菌所贮存的能量，效率为 10% ~20% 左右。对于几乎所有生物来说，这个过程是它们赖以生存的关键。而地球上的碳氧循环，光合作用是必不可少的。

▓▓ 微生物的发现

当人类在发现和研究微生物之前，把一切生物分成截然不同的两大界——动物界和植物界。随着人们对微生物认识的逐步深化，从两界系统经历过三界系统、四界系统、五界系统甚至六界系统，直到 20 世纪 70 年代后期，美国人 Woese 等发现了地球上的第三生命形式——古菌，才导致了生命三域学说的诞生。该学说认为生命是由古菌域、细菌域和真核生物域所构成。

古菌域包括嗜泉古菌界、广域古菌界和初生古菌界；细菌域包括细菌、放线菌、蓝细菌和各种除古菌以外的其他原核生物；真核生物域包括真菌、原生生物、动物和植物。除动物和植物以外，其他绝大多数生物都属微生物范畴。由此可见，微生物在生物界级分类中占有特殊重要的地位。

生命进化一直是人们关注的热点。Brown 等依据平行同源基因构建的

"Cenancestor" 生命进化树，认为生命的共同祖先 Cenancestor 是一个原生物。原生物在进化过程中产生两个分支，一个是原核生物（细菌和古菌），一个是原真核生物，在之后的进化过程中细菌和古菌首先向不同的方向进化，然后原真核生物吞食一个古菌，并由古菌的 DNA 取代寄主的 RNA 基因组而产生真核生物。

从进化的角度，微生物是一切生物的老前辈。如果把地球的年龄比喻为一年的话，则微生物约在 3 月 20 日诞生，而人类约在 12 月 31 日下午 7 时许出现在地球上。

在大自然中，生活着一大类人肉眼看不见的微小生命。无论是繁华的现代城市、富饶的广阔田野，还是人迹罕见的高山之巅、辽阔的海洋深处，到处都有它们的踪迹。这一大类微小的"居民"称为微生物，它们和动物、植物共同组成生物大军，使大自然显得生机勃勃。微生物王国是一个真正的"小人国"，这里的"臣民"分属于细菌、放线菌、真菌、病毒、类病毒、立克次氏体、衣原体、支原体等几个代表性家族。这些家族的成员，一个个小得惊人。就以细菌家族的"大个子"杆菌来说，让 3000 个杆菌头尾相接"躺"成一列，也只有一粒米那么大；让 70 个杆菌"肩并肩"排成一行，刚抵得上一根头发丝那么宽；相当于全地球总人口数（50 多亿）那么多的细菌加在一起，才只有一粒芝麻的重量。微生物如此之小，人们只能用"微米"甚至更小的单位"埃"来衡量它。大家知道，1 微米等于 1‰ 毫米。细菌的大小，一般只有几个微米，有的只有 0.1 微米，而人的眼睛大约只有分辨 0.06 毫米的本领，难怪我们肉眼没法看见它了。微生物是怎样被人们发现的呢？说来有趣。

300 多年前，荷兰有个名叫列文虎克的人，他读书虽然不多，但热爱科学，富有刻苦钻研的精神，还有一手高明的磨制放大镜的技术。他用自己磨

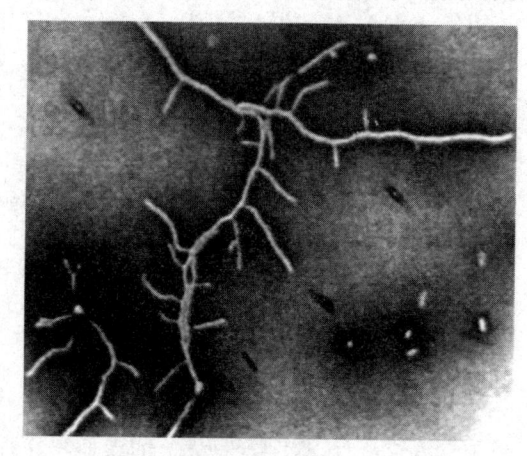

光镜下的放线菌

制的镜片，制作了一架能把原物放大200多倍的简单显微镜。一天，列文虎克从一个老头的牙缝里取下一点残屑来观察，竟然发现那里面有无数各种形状的小家伙蹦来跳去。他惊奇得几乎不相信自己的眼睛。列文虎克精心地把这些小家伙的形状描绘下来。他说："这个老头嘴里的'小动物'，要比整个荷兰王国的居民多得多……"

早期的显微镜

这以后，他继续观察了各种容器的积水以及河水、井水、污水等，都发现有这样一个芸芸众生的"小动物"世界。列文虎克第一个通过显微镜看到了细菌，为人类敲开了认识微生物的大门。从此，人们借助显微镜——揭开了微生物的奥秘。

当然，微生物也有看得见的。比如食用的蘑菇，药用的灵芝、马勃等都是微生物。生物学家曾在原捷克斯洛伐克发现一种巨蕈，属于真菌族微生物范畴。你猜它有多大？——直径4米多，重达100多千克。它不仅是微生物大家族中的"巨人"，而且在整个生物世界里也不算"小个子"了。

知识点

微生物对人类的影响

微生物对人类最重要的影响之一是导致传染病的流行。在人类疾病中有49.877%是由病毒引起。世界卫生组织公布资料显示：传染病的发病率和病死率在所有疾病中占据第一位。

微生物的历史，也就是人类与之不断斗争的历史。在疾病的预防和治疗方面，人类取得了长足的进展，但是新现和再现的微生物感染还是不断发生，像大量的病毒性疾病一直缺乏有效的治疗药物。一些疾病的致病机制并不清楚。大量的广谱抗生素的滥用造成了强大的选择压力，使许多菌株发生变异，导致耐药性的产生，人类健康受到新的威胁。一些分节段的病毒之间可以通过重组或重配发生变异，最典型的例子就是流行性感冒病毒。每次流感大流行流感病毒都与前次导致感染的株型发生了变异，这种快速的变异给疫苗的设计和治疗造成了很大的困难。而耐药性结核杆菌的出现使原本已近控制住的结核感染又在世界范围内猖獗起来。

微生物千姿百态，有些是腐败性的，即引起食品气味和组织结构发生不良变化。当然有些微生物是有益的，它们可用来生产如奶酪、面包、泡菜、啤酒和葡萄酒。

植物的进化历程

距今25亿年前（元古代），地球史上最早出现的植物属于菌类和藻类，其后藻类一度非常繁盛。直到4亿3千8百万年前（志留纪），绿藻摆脱了水域环境的束缚，首次登陆大地，进化为蕨类植物，为大地首次添上绿装。3亿6千万年前（石炭纪），蕨类植物绝种，代之而起是石松类、楔叶类、真蕨类和种子蕨类，形成沼泽森林。古生代盛产的主要植物于2亿4千8百万年前（三叠纪）几乎全部灭绝，而裸子植物开始兴起，进化出花粉管，并完全摆脱对水的依赖。

自然界的植物有四个主要的类群：藻类植物、苔藓植物、蕨类植物和种子植物。种子植物又包括裸子植物和被子植物。

藻类植物的进化

藻类植物大都生活在水中，有单细胞和多细胞之分，结构比较简单，没有根、茎、叶等器官的分化。藻类植物的特征表明了宏观世界是低等的植物类群，所以应该位于进化历程树的最下边的分枝上。

原生生物界一类真核生物（有些也为原核生物，如蓝藻门的藻类），主要是水生，无维管束，能进行光合作用。体型大小各异，小至长1微米的单细胞的鞭毛藻，大至长达60米的大型褐藻。一些权威专家继续将藻类归入植物

藻类植物化石

或植物样生物，但藻类没有真正的根、茎、叶，也没有维管束。这点与苔藓植物相同。

藻类可由一个或少数细胞组成，亦可有许多细胞聚合成组织样的架构。丝状体可分支，可不分支，有些藻类是单细胞的鞭毛藻，而另一些藻类则聚合成群体。绿藻类的松藻属由无数分支丝体交织缠绕而成，部位不同的丝体形态和功能亦异。藻类虽然主要为水生，但无处不在，分布范围从温带的森林到极地的苔原。某些变种可生活于土壤中，能耐受长期的缺水条件；另一些生活于雪中，少数种能在温泉中繁盛生长。

藻类与其他真核生物一样有细胞核，有具膜的液泡和细胞器（如粒线体），大多数藻类在生活过程中需要氧气。用各种叶绿体分子（如叶绿素、类胡萝卜素、藻胆蛋白等）进行光合作用。地球上的光合作用90%由藻类进行，据信在地球早期的历史上，藻类在创造富氧环境中发挥了重要作用。浮游的藻类是海洋食物链中非常重要的环节，所有高等水生生物的生存最终都依靠藻类的存在。此外，从史前时代起，藻类一直被用作牲畜的饲料和人类的食物。

藻类可进行营养繁殖（透过

金鱼藻

细胞分裂或断裂）、无性繁殖（透过释出游动孢子或其他孢子）或有性繁殖。有性繁殖通常发生于生活史中的艰难时期（如于生长季节结束时或处于不利的环境条件下）。

关于藻类的概念古今不同。我国古书上说："藻，水草也，或作藻。"可见在我国古代所说的藻类是对水生植物的总称。在我国现代的植物学中，仍然将一些水生高等植物的名称中贯以"藻"字（如金鱼藻、黑藻、茨藻、狐尾藻等），也可能来源于此。与此相反，人们往往将一些水中或潮湿的地面和墙壁上个体较小、粘滑的绿色植物统称为青苔，实际上这也不是现在所说的苔类，而主要是藻类。根据现代对藻类植物的认识，藻类并不是一个自然分类群，但它们却具有以下的共同特征：

植物体一般没有真正根、茎、叶的分化

藻类植物的形态、构造很不一致，大小相差也很悬殊。例如众所周知的小球藻，呈圆球形，是由单细胞构成的，直径仅数微米；生长在海洋里的巨藻，结构很复杂，体长可达 200 米以上。尽管藻类植物个体的结构繁简不一，大小悬殊，但多无真正根、茎、叶的分化。有些大

小球藻

型藻类，如海产的海带、淡水的轮藻，在外形上，虽然也可以把它分为根、茎和叶三部分，但体内并没有维管系统，所以都不是真正的根、茎、叶。因此，藻类的植物体多称为叶状体或原植体。

能进行光能无机营养

一般藻类的细胞内除含有和绿色高等植物相同的光合色素外，有些类群

藻类食品

还具有特殊的色素而且也多不呈绿色，所以它们的质体特称为色素体或载色体。藻类的营养方式也是多种多样的。例如有些低等的单细胞藻类，在一定的条件下也能进行有机光能营养、无机化能营养或有机化能营养。但从绝大多数的藻类来说，它和高等植物一样，都能在光照条件下，利用二氧化碳和水合成有机物质，以进行无机光能营养。

生殖器官多由单细胞构成

高等植物产生孢子的孢子囊或产生配子的精子器和藏卵器一般都是由多细胞构成的。例如苔藓植物和蕨类植物在产生卵细胞的颈卵器和产生精子的精子器的外面都有一层不育细胞构成的壁。但在藻类植物中，除极少数种类外，它们的生殖器官都是由单细胞构成的。

合子不在母体内发育成胚

高等植物的雌、雄配子融合后所形成的合子（受精卵），都在母体内发育成多细胞的胚以后，才脱离母体继续发育为新个体。但藻类植物的合子在母体内并不发育为胚，而是脱离母体后，才进行细胞分裂，并成长为新个体。如果用动物学的术语来说，高等植物是胎生，而藻类则是卵生。

总之，藻类植物是植物界中没有真正根、茎、叶分化，行光能自养生活，生殖器官由单细胞构成和无胚胎几种具代表性的藻类发育的一大类群。

藻类植物的种类繁多，目前已知有3万种左右。早期的植物学家多将藻类和菌类纳入一个门，即藻菌植物门。随着人们对藻类植物认识的不断深入，特别是从巴暄的平行进化学说发表以后，认为藻类不是一个自然分类群，并根据它们营养细胞中色素的成分和含量及其同化产物、运动细胞的鞭毛以及生殖方法等将其分为若干个独立的门。对于分门的看法，也有很大的分歧，我国藻类学家多主张将藻类分为 12 个门。

我国利用藻类作为食品，不但有悠久的历史，食用的种类和方法之多，也是世界闻名的。据初步统计，我国所产的大型食用藻类至少有 50～60 种，经常作为商品出售的食用藻类主要是海产藻类，如礁膜、石莼、海带、裙带菜、紫菜、石花菜等。商品食用

海人草

淡水藻类有地木耳和发菜。我国云南景洪地区傣族同胞食用和出口缅甸等国的"岛"和"解"就是用淡水藻类中的水绵和刚毛藻加工制成的。由于单细胞藻类中含有丰富的营养物质，又有繁殖快、产量高的特点，大面积培养单细胞藻类作为人类食用或家畜的精饲料，也早已引起人们的重视，而且有的（如小球藻、栅藻）已在国内外推广利用。

苔藓植物的进化

在植物界系统演化中，苔藓植物的植物体已有茎、叶的分化，生殖器官为多细胞结构，特别是颈卵器的出现，使卵和合子得到很好的保护，合子发育要经过多

苔　藓

细胞胚的阶段，这些都是有别于藻类等低等植物的进化水平较高的特征，故在分类学上将其划入高等植物的范畴。但跟其他高等植物相比，苔藓植物还不具备真根，体内尚无维管组织分化，受精过程离不开水等，故苔藓植物仍属较原始的类型。

蕨类植物的进化

一般认为蕨类植物是由裸蕨植物分3条进化路线通过趋异演化的方式发展进化的。一支为石松类，一支为木贼类（楔叶类），另一支为真蕨类。它们在泥盆纪早、中期出现，从泥盆纪晚期至石炭纪和二叠纪的1亿6千万年的

时期内种类多、分布广、生长繁茂，成为当时地球植被的主角，被称为蕨类植物时代。但在二叠纪时因气候急剧的变化，生长在湿润环境中的许多种类，不能抵抗二叠纪时出现的季节性的干旱和大规模的地壳运动的变化而遭淘汰。后来在三叠纪和侏罗纪时又进化一些新的种类，其中大多数种类进化发展到现在。石松类植物的化

蕨类化石

石有早泥盆纪的刺石松和星木属，二者均为草本类。而泥盆纪至石炭纪时期也有高大乔木类的石松植物，如鳞木属和封印木属，且为孢子异型。现存的石松类仅为小型草本。木贼类（楔叶类）亦在泥盆纪才出现，至石炭纪时木本和草本的种类都有，如著名的乔木类芦木属。到了二叠纪时乔木类则绝灭，后来仅剩下一些较小的草本类。高大的乔木类是该地层的主要成煤植物之一。真蕨类最早出现于泥盆纪的早、中期，著名化石为小原始蕨属。泥盆纪至石炭纪时的真蕨多大型，树蕨状。但在二叠纪逐渐消失，仅留下一些小型者延续下来。现代真蕨类中有些种类是在三叠纪和侏罗纪产生的。蕨类植物已经有了真正根、茎、叶的分化，已具输导水分、无机盐和营养物质的维管系统，

但其受精阶段仍离不开有水环境，仍以孢子繁殖后代，这都是蕨类植物原始性的反映，故在古生代末期的二叠纪时，由于地球上出现了明显的气候带，许多地区的气候变得不适于蕨类植物的生长，而使多数蕨类植物开始走向衰亡。

裸子植物的进化

种子植物包括裸子植物和被子植物。因为种子外面有果皮包被，有利于保护种子，繁殖后代，能更好地适应陆地生活，所以被子植物是植物界最高等的类群。

裸子植物是种子植物中较低级的一类，具有颈卵器，既属颈卵器植物，又是能产生种子的种子植物。它们的胚珠外面没有子房壁包被，不形成果皮，种子是裸露的，故称裸子植物。

孢子体即植物体，极为发达，多为乔木，少数为灌木或藤木（如热带的买麻藤），通常常绿，叶针形、线形、鳞形，极少为扁平的阔叶（如竹柏）。大多数次生木质部只有管胞，极少数具导管（如麻黄），韧皮部只有筛胞而无伴胞和筛管。大多数雌配子体有颈卵器，少数种类精子具鞭毛（如苏铁和银杏）。

裸子植物

裸子植物出现于古生代，中生代最为繁盛，后来由于地史的变化，逐渐衰退。现代裸子植物约有800种，隶属5纲，即苏铁纲、银杏纲、松柏纲、红豆杉纲和买麻藤纲，9目，12科，71属。

裸子植物很多为重要林木，尤其在北半球，大的森林80%以上是裸子植物。如落叶松、冷杉、华山松、云杉等。多种木材质轻、强度大、不弯、富

弹性，是很好的建筑、车船、造纸用材。

苏铁叶和种子、银杏种仁、松花粉、松针、松油、麻黄、侧柏种子等均可入药。落叶松、云杉等多种树皮、树干可提取奎宁、挥发油和树脂、松香等。刺叶苏铁幼叶可食，髓可制西米，银杏、华山松、红松和榧树的种子是可以食用的干果。

裸子植物是原始的种子植物，其发生发展历史悠久。最初的裸子植物出现在古生代，在中生代至新生代它们是遍布各大陆的主要植物。现代生存的裸子植物有不少种类出现于第三纪，后又经过冰川时期而保留下来，并繁衍至今。据统计，目前全世界生存的裸子植物约有850种，隶属于79属和15科，其种数虽仅为被子植物种数的0.36%，却分布于世界各地，特别是在北半球的寒温带和亚热带的中山至高山带常组成大面积的各类针叶林。

冷 杉

我国疆域辽阔，气候和地貌类型复杂。在中生代至新生代第三纪一直是温暖的气候，第四纪冰期时又没有直接受到北方大陆冰盖的破坏，基本上保持了第三纪以来比较稳定的气候，致使中国的裸子植物区系具有种类丰富，起源古老，多古残遗种和孑遗成分，特有成分繁多和针叶林类型多样等特征。

据统计，中国的裸子植物有10科34属约250种，分别为世界现存裸子植物科、属、种总数的66.6%、41.5%和29.4%，是世界上裸子植物最丰富的国家。在中国的裸子植物中有许多是北半球其他地区早已灭绝的古残遗种或孑遗种，并常为特有的单型属或少型属。如特有单种科——银杏科；特有单型属有水杉、水松、银杉、金钱松和白豆杉；半特有单型属和少型属有台湾杉、杉木、福建柏、侧柏、穗花杉和油杉，以及残遗种，如多种苏铁、冷杉等。

中国的裸子植物虽仅为被子植物种数的0.8%，但其所形成的针叶林面积却略高于阔叶林面积，约占森林总面积的52%。在中国东北、华北及西北地区的针叶林中裸子植物物种较少，在西南地区针叶林中则有丰富的裸子植物物种。在华南、华中及华东地区除原生针叶林外，更常见的是大面积人工杉木林、马尾松林和柏木林。

虽然中国具有极为丰富的裸子植物物种及森林资源，但由于多数裸子植物树干端直、材质优良和出材率高，所以其所组成的针叶林常作为优先采伐的对象，使该资源正在受到强烈的人类活动的威胁和破坏。如20世纪50年代中国最大的针叶林区——内蒙古的大兴安岭、东北的小兴安岭及长白山区的天然林被不同程度地开发利用。20世纪60年代至70年代另一大针叶林区——西南横断山区的天然林又相继被过度采伐，仅在交通不便的深山和河谷深切的山坡陡壁，以及自然保护区内尚有天然针叶林保存。华中、华东和华南地区，因人口密集和经济发展的需求，中山地带的各类天然针叶林多被砍伐，代之而起的是人工马尾松林、杉木林和柏木林。随着各类天然针叶林采伐和破坏，原有生态环境发生改变，加快了林下生物消失和濒危的速度。

同时，具有重要观赏价值和经济价值的裸子植物亦破坏严重，如攀枝花苏铁、贵州苏铁、多歧苏铁和叉叶苏铁均在新的分布点发现后就遭到大肆破坏。三尖杉（粗榧）属和红豆杉（紫杉）属植物自20世纪60年代和80年代末至90年代初发现为新型抗癌药用植物后，就立即遭到大规模采伐破坏，使资源急剧减少。

苏　铁

初步查明，中国裸子植物绝灭种有崖柏（现已重新发现，并未灭绝）；仅有栽培而无野生植株的野生绝灭种有苏铁（铁树）、华南苏铁、四川苏铁；分布区极窄，植株极少的极危种有多歧苏铁、柔毛油杉、矩鳞油杉、海南油杉、百山祖冷杉、元宝山冷杉、康定云杉、大果青杆、太白红杉、短叶黄杉、巧家五针松、贡山三尖杉、台湾穗花杉和云南穗花杉等。濒危和受威胁的裸子植物约63种，约占种数的28%，其中百山祖冷杉和台湾穗花杉被列入世界最濒危植物。

对中国裸子植物的保护已受到注意，已建立了少数以残遗或濒危裸子植物为保护对象的保护区（如银杉、百山祖冷杉、攀枝花苏铁、元宝山冷杉、水杉等）。另一些裸子植物种已列为在其产地所建保护区的主要保护对象。为保持中国在裸子植物类群上的优势，应禁止或限制天然针叶林的采伐，必须采伐时应选择适宜的采伐方式，确保天然更新；还应在极危种（如多歧苏铁等）的原产地建设自然保护区。

有"植物活化石"之称的银杏，在它的进化过程中深藏着怎样的秘密呢？人类已经发现的1亿7千万年前的银杏化石和5千6百万年前的银杏化石之间，有着超过1亿年的断层。在这一亿多年的漫长历史中"活化石"经历了怎样的变化，这一直是古生物进化研究中的一个谜。

银杏化石

一百多年来，世界各地时有研究人员发现距今约1亿至2亿年（侏罗纪至早白垩纪）的银杏化石，但多为叶部化石（叶片），在分类学和进化上的意义相对不足。近年来，我国科学家在银杏分类及其进化研究上取得不少进展。早在1989年，我国河南就发现了已知最早（约1亿7千万年前）、保存最完整的银杏化石，证实银杏属确实是十分古老的一类植物，而且这种古老的银杏化石的发现提供了银杏进化过程的重要证据。

被子植物的进化

当前多数学者认为被子植物起源于白垩纪或晚侏罗纪。斯科特、马朗和利奥波德对以前记述过的化石进行了全面地讨论，发现白垩纪之前未曾保存具有确实证据的被子植物化石。此外从孢粉证据来看，同样在白垩纪以前的地层中，未能找到被子植物花粉。多伊尔和马勒根据早白垩纪和晚白垩纪地层之间孢粉的研究，发现支持被子植物最初的分化是发生在早白垩纪，大概在侏罗纪时期就为这个类群的发展准备好了条件，这一观点也被奥尔夫从美国弗吉尼亚的怕塔克森特早白垩纪岩层中得到的叶化石证据所支持。同时，他们还得出结论：在白垩纪，木兰目的发展先于被子植物的其他类群。我国学者潘广等人在对华北燕辽地区中侏罗纪地层中发现并确证了原始被子植物的存在，也发现了那时的单子叶和双子叶植物木兰类和荑荑花序类均已发育较好。因此，被子植物的起源应早于白垩纪。这个观点已在 1999 年第 16 届国际植物学大会上引起关注。

关于被子植物起源的时间，最好的花粉粒和叶化石证据表明，被子植物出现于 1.2～1.35 亿年前的早白垩纪。在较古老的白垩纪沉积中，被子植物化石记录的数量与蕨类和裸子植物的化石相比较少，直到距今 8000 万～9000 万年的白垩纪末期，被子植物才在地球上的大部分地区占了统治地位。至于被子植物起源的地点，目前普遍认为被子植物的起源和早期的分化很可能在白垩纪的赤道带或靠近赤道带的某些地区，其根据是现存的和化石的木兰类在亚洲东南部和太平洋南部占优势，在低纬度热带地区白垩纪地层中发现有最古老的被子植物三沟花粉。中国植物分类学家吴征镒教授，从中国植物区系研究的角度出发，提出整个被子植物区系早在第三纪以前，便在古代统一的大陆的热带地区发生，并认为中国南部、西南部和中南半岛，在北纬 20°～40°间的广大地区，最富于特有的古老科、属即第三纪古热带起源的植物区系——近代东亚温带、亚热带植物区系的开端，这一地区就是被子植物的发源地。

关于被子植物起源的地点问题，依然处于推测阶段，虽然多数学者赞同低纬度起源，但要确切回答被子植物的起源地点还有困难，有待作更深入的研究。

关于被子植物的祖先，推测很多，并无定论。其中有藻类、蕨类、松杉目、买麻藤目、本内苏铁目、种子蕨和舌羊齿等。多数学者认为，应到已绝灭的古老的裸子植物中去寻找被子植物的祖先。比较流行的是本内苏铁和种子蕨这两种假说。

被子植物的属种十分庞杂，形态变化很大，分布极广。粗看起来，确实难用统一的特征将所有的被子植物归成一类。因此，对被子植物的祖先存在不同的假说，有多元论和单元论两种起源说。

被子植物化石

多元论认为被子植物来自许多不相亲近的群类，彼此是平行发展的。胡先骕、米塞、恩格勒和兰姆等人是多元论的代表。我国的分类学家胡先骕 1950 年发表了一个被子植物多元起源的系统，这也是我国学者发表的被子植物的惟一系统。

单元论是目前多数植物学家主张的被子植物起源说。主要依据是被子植物有许多独特和高度特化的性状，如雄蕊都有四个孢子（花粉）囊和特有的药室内层；大孢子叶（心皮）和柱头的存在；雌雄蕊在花轴排列的位置固定不变；双受精现象和三倍体胚乳以及筛管和伴胞存在。因此，人们认为被子植物只能起源于一个共同的祖先。哈钦森、塔赫他间、克朗奎斯特是单元论的主要代表。

塔赫他间和克朗奎斯特从研究现代被子植物的原始类型或活化石中，提出被子植物的祖先类群可能是一群古老的裸子植物。并主张木兰目为现代被子植物的原始类型。这一观点已得到多数学者的支持。那么，木兰类是起源于哪一群原始被子植物的呢？莱米斯尔主张起源于本内苏铁，认为本内苏铁的孢子叶球常两性、稀单性，和木兰、鹅掌楸的花相似；种子无胚乳，仅是两个肉质的子叶和次生木质部的构造亦相似等，从而提出被子植物起源于本内苏铁。但是，近年来这种主张逐渐减少。塔赫他间认为，本内苏铁的孢子叶球和木兰的花的相似性是表面的，因为木兰类的雄蕊（小孢子叶）像其他原始被子植物的小孢子叶一样是分离、螺旋状排列的，而本内苏铁的小孢子叶为轮状排列，且在近基部合生，小孢子囊合生成聚合囊；其次，本内苏铁目的大孢子叶退化为一个小轴，顶生一个直生胚珠。因此要想象这种简化的大孢子叶转化为被子植物的心皮是很困难的。另外，本内苏铁以珠孔管来接受小孢子，而被子植物通过柱头进行授粉，所有这些都表明被子植物起源于本内苏铁的可能性较小。塔赫他间认为被子植物同本内苏铁有一个共同的祖先，有可能从一群最原始的种子蕨起源。目前，大部分系统发育学家接受种子蕨作为被子植物的可能祖先，但是由于化石记录的不完全，这种假说的证实还有待更全面、更深入地研究论证。

根据化石记录，被子植物与任何其他类群没有直接的联系。但学者普遍认为，必须到裸子植物的种子蕨类群中去寻找被子植物的祖先。E. A. N. 阿伯和 J. 帕金根据从北美洲侏罗纪地层中找到的若干本内苏铁目的子实体而提出了"花球果"假说，认为被子植物的花是一个由裸子植物的孢子叶球演变来的、被他们称为"花球果"的短缩和高度变态的、生有孢子的枝条。具含有胚珠的半封闭式短角状构造的开通目有可能代表着现代被子植物的胚珠（而不是心皮）在进化上的先驱，但这些种子蕨不大可能是被子植物直接的祖先。根据化石记录，被子植物类群之间的许多相似性和缺少任何明显的内部间隙，以及它们与所有已知的化石和现存裸子植物有着截然的分隔，大多数学者几乎一致确信被子植物是单元发生的。孢粉超微结构方面的研究给这一信念以重要的支持。产生花粉油层是所有被子植物的一个普遍的现象，但在裸子植物中，如买麻藤属，却没有这种现象。这一发现证实了以下设想：花粉油层的产生是最初的被子植物基本性状的综合特征的一部分：粘性的花粉连同具心皮的胚珠、柱头的形成，引诱和供动物食用的各种不同的方法，两性的花等，在功能上都与动物传粉相联系。

种子植物

种子植物是植物界最高等的类群。所有的种子植物都有两个基本特征：（1）体内有维管组织——韧皮部和木质部；（2）能产生种子并用种子繁殖。种子植物可分为裸子植物和被子植物两大类。裸子植物的种子裸露着，其外层没有果皮包被。被子植物的种子的外层有果皮包被。

现有种子植物的分类实际是指与以花为分类标准的分类群的显花植物为同一范围。但由于蕨类植物中也有把孢子叶球作为花的，所以现在通常都采用种子植物这一名称。然而，化石蕨类植物中的少数也具有种子，为了有所区别，恩格勒把裸子植物、被子植物称为有胚有管植物；相反地，把苔藓、蕨类植物称为有胚无管植物。但这一名称尚未普及。

微生物奇观

微生物是地球上最早的"居民"。假如把地球演化到今天的历史浓缩到一天，地球诞生是24小时中的零点，那么，地球的首批居民——厌氧性异养细菌在早晨7点钟降生；午后13点左右，出现了好氧性异养细菌；鱼和陆生植物产生于晚上22点；而人类要在这一天的最后一分钟才出现。

微生物所以能在地球上最早出现，又延续至今，这与它们特有的食量大、食谱广、繁殖快和抗性高等有关。个儿越小，"胃口"越大，这是生物界的普遍规律。微生物的结构非常简单，一个细胞或是分化成简单的一群细胞，或是一个能够独立生活的生物体，承担了生命活动的全部功能。它们个儿虽小，但整个体表都具有吸收营养物质的机能，这就使它们的"胃口"变得分外庞大。如果将一个细菌在一小时内消耗的糖分换算成一个人要吃的粮食，那么，这个人得吃500年。微生物不仅食量大，而且无所不"吃"。地球上已有的有机物和无机物，它们都贪吃不厌，就连化学家合成的最新颖复杂的有机分子，也都难逃微生物之口。人们把那些只"吃"现成有机物质的微生物，称为有机营养型或异养型微生物；把另一些靠二氧化碳和碳酸盐自食其力的微生物，叫无机营养型或自养型微生物。微生物不分雌雄，它的繁殖方式也与众不同。以细菌家族的成员来说，它们是靠自身分裂来繁衍后代的，只要条件适宜，通常20分钟就能分裂一次，一分为二，二变为四，四分成八……就这样成倍成倍地分裂下去。如果按这个速度计算，一个细菌24小时内能产生2.2×10^{43}个后代，总重量为2.2×10^{28}克，相当于四个地球的重量！虽然这种呈几何级数的繁衍，常常受环境、食物等条件的限制，实际上不可能实现，即使这样，它也足以使动植物望尘莫及了。微生物具有极强的抗热、抗寒、抗盐、抗干燥、抗酸、抗碱、抗缺氧、抗压、抗辐射及抗毒物等能力。因而，从1万米深、水压高达1140个大气压的太平洋底到8.5万米高的大气层；从炎热的赤道海域到寒冷的南极冰川；从高盐度的死海到强酸和强碱性环境，都可以找到微生物的踪迹。由于微生物只怕"明火"，所以地球上除活火山口以外，都是它们的领地。微生物当然也要呼吸，但有的喜欢吸氧气，是好氧性的；有的则讨厌氧气，属于厌氧性的；还有的在有氧和无氧环境下都能生存，叫兼性微生物。微生物不仅能吃，而且还贪睡。据报道，在埃及金字塔中三四千年前的木乃伊上仍有活细菌。微生物的休眠本领也令人惊叹不已。

居位显赫的细菌

自从德国乡村医生劳伯·柯赫第一个猎获病菌以后，细菌这个名字就常常和疾病联系在一起。因为人和动植物的许多传染病，都是细菌作祟引起的，所以人们对它总有一种厌恶和恐惧的感觉。其实，危害人类的细菌只是一小部分，大多数细菌不仅能和我们和平共处，还为人类造福。例如，地球上每年都要死掉大量动植物，千万年过去了，这些动植物的遗体到哪里去了呢？这就是细菌和其他微生物的功劳。它们能把地球上一切生物的残躯遗体吃个精光，同时转化

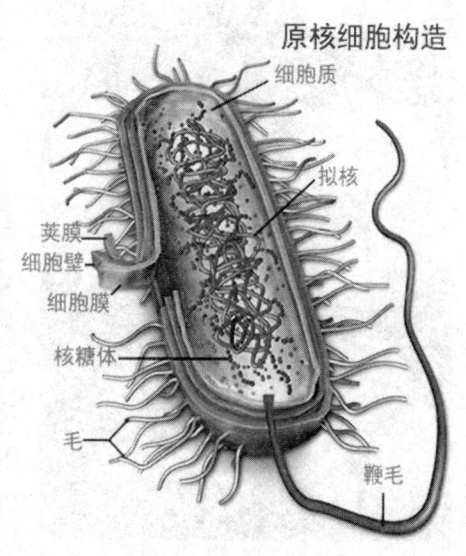

原核细胞构造
细胞质
拟核
荚膜
细胞壁
细胞膜
核糖体
毛
鞭毛

原核细胞

成植物能够利用的养料，为促进自然界的物质循环立下了汗马功劳。更何况许多细菌在工农业生产上起着重要的作用呢！

在显微镜下，我们看到的细菌，大致有三种形状：个儿又胖又圆的，叫球菌；身体瘦瘦长长的，是杆菌；体形弯弯扭扭的，称螺旋菌。不论哪种形状，它们都只是单细胞，内部结构和一个普通的植物细胞相似。它的外面有一个坚韧而有弹性的"外壳"，称为细胞壁，细菌就靠它来保护自己的身体。紧贴细胞壁内部有一层柔韧的薄膜，叫细胞膜，它是食物和废物进出细胞的"门户"。细胞膜里面充满着粘稠的胶体溶液，这是细胞质，其中含有各种颗粒和贮藏物质。有的细菌有细胞核，但比大生物的细胞核简单得多，因此人们叫它原核细胞。多数细菌是不会运动的，只是由于它们体微身轻，所以能借助风力、水流或粘附在空气中的尘埃和飞禽走兽身上，云游四方，浪迹天涯。也有一些细菌身上长有鞭毛，好像鱼的尾巴，能在水中扭来摆去，游动起来速度还挺快。有人观察，霍乱弧菌凭借鞭毛的摆动，1小时内能飞奔18厘米，这段距离相当于它身长的9万倍！

细菌中，有的"赤身裸体"，一丝不挂；有的却穿着一身特别的"衣服"，这就是包围在细胞壁外面的一层松散的粘液性物质，称为荚膜。它既是细菌的养料贮存库，又可作为"盔甲"，起着保护层的作用。对病菌来说，荚膜还与致病力密切相关，比如肺炎球菌能使人得肺炎，但若失去了荚膜，就如解除了武装，没有致病力了。当细菌遇到干燥、高温、缺氧或化学药品等恶劣环境时，它们还能使出一个绝招，就是几乎全部脱去身体中的水分，从而使细胞凝聚成椭圆形的休眠体，这就是芽孢。芽孢在干燥

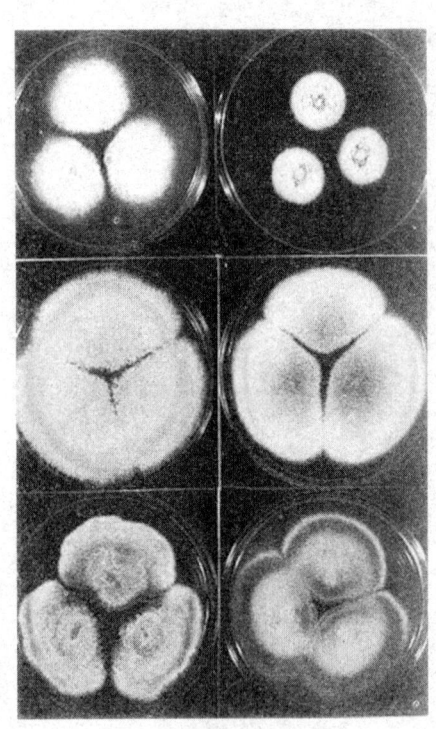

霉菌菌落

条件下过几十年仍有活力，一旦环境变得适宜，芽孢就会吸水膨胀，又成为一个有活力的菌体。

单个细菌是无色透明的，为了便于鉴别，需要给它们染上颜色。1884年丹麦科学家革兰姆创造了一种复染法，就是先用结晶紫液加碘液染色，再用酒精脱色，然后用稀复红液染色。经过这样的处理，可以把细菌分成两大类，凡能染成紫色的，叫革兰氏阳性菌；凡被染成红色的，叫革兰阴性菌。这两类细菌在生活习性和细胞组成上有很大差别，医生常依据细菌的革兰氏染色来选用药物，诊治疾病。为纪念革兰姆，复染法又称革兰氏染色法。

细菌家族的成员，如果固定在一个地方生长繁殖，就形成了用肉眼能看见的小群体，叫菌落。菌落带有各种绚丽的色彩，如绿脓杆菌的菌落是绿色的，葡萄球菌的菌落是金黄色的。细菌菌落的形状、大小、厚薄和颜色等特点，是鉴别各种菌种的依据之一。弗莱明就是通过观察到金黄色的葡萄球菌发现"吃"掉葡萄球菌的青霉素，划时代地揭开了抗生素的秘密。

战功累累的放线菌

医生常常使用链霉素、红霉素这一类抗生素治病，使许多病人转危为安。抗生素的主角就是大名鼎鼎的放线菌。放线菌的个体由一个细胞组成，这与细菌十分相似，因此它们常被当做细菌家族中的一个独立的大家庭。不过，放线菌又有许多真菌家族的特点，例如菌体由许多无隔膜的菌丝体组成，所以从生物进化的角度看，它是介于细菌与真菌之间的过渡类型。

放线菌有许多交织在一起的纤细菌体，叫菌丝。这些菌丝分工不同，有的"埋头大吃"，这是专管吸收营养的基质菌丝；有的朝天猛长，这是作为放线菌成长发育标志的气生菌丝。放线菌长到一定阶段便开始"生儿育女"。它们先在气生菌丝的顶端长出孢子丝，等到成熟之后，就分裂出成串的孢子。孢子的外形有的像球，有的像卵，可以随风飘散，遇到适宜的环境，就会在那里"安家落户"，开始吸水，萌生成新的放线菌。放线菌大量存在于土壤中。它们中绝大多数是腐生菌，能将动植物的腐烂尸体"吃"光，然后转化成有利于植物生长的营养物质，在自然界物质循环中立下了不朽的功勋。

还有一种叫弗兰克氏菌，生长在许多非豆科植物的根瘤里，能固定大气

中的氮，成为植物能利用的氮肥。放线菌还有许多贡献。目前发现的几千种抗生素中，有一半以上是由放线菌产生的。它的菌落颜色鲜艳，呈放射状，对人体无害，因此，人们常用它作食品染色剂，既美观，又安全。利用放线菌还可以生产维生素 B_{12}、蛋白酶和葡萄糖异构酶等医药用品。虽然个别类的放线菌对人类有害，例如分枝杆菌能引起肺结核和麻风病等，但这些比起放线菌的功绩来，实在是微不足道的。

家族庞大的真菌

真菌是微生物王国中最大的家族，它的成员约有 25 万多种。真菌这个名字听起来好像比较陌生，其实生活中你经常接触到它。例如，味道鲜美的蘑菇，营养丰富的银耳、木耳，延年益寿的灵芝，利水消肿、健脾安神的茯苓，保肺益肾、止血化痰的冬虫夏草，诸如此类早为人们所熟悉的名菜佳肴、珍奇药物，都是真菌大家族的成员；酿酒、发面、制酱油，都离不开酵母菌或霉菌的帮助，而它们正是真菌大家族的杰出代表。

蘑 菇

从生物进化的过程来看，真菌的诞生要比细菌晚 10 亿年左右，所以它是微生物王国中最年轻的家族。它们和细菌、放线菌最根本的区别是真菌已经有了真正的细胞核。因此人们把真菌的细胞叫做真核细胞。从原核细胞发展到真核细胞，是生物进化史上的一件大事。真菌具有多细胞结构，能产生孢子进行有性和无性繁殖。虽然蘑菇、猴头这一类真菌长得又高又大，样子很像植物，但它们的细胞壁里还没有纤维素和叶绿体，不能像植物那样产生叶绿素，这是它与植物的重要区别。

真菌为人类食品提供了重要来源，它们中有许多本身就是名贵的中药材。利用真菌还可以生产多种抗生素。真菌不仅在传统酿造和食品工业中发挥了重要作用，而且在现代工业中也大显身手。人们利用各种不同的霉菌，制取各种酶制剂以及许多重要的工业原料和试剂，并且还可以作为高效饲料发展养殖业。但是，真菌也会给人类带来许多危害。梅雨季节，家具、衣服都会长出白"毛"；阴湿的仓库里，粮食、蔬菜、水果常常腐烂变质；许多人染上了灰指甲病和各种癣病等，都是真菌在作怪。

1960年夏天，英国某地有10多万只火鸡莫名其妙地死去，当时谁也说不清是什么病，就称为"火鸡X病"。以后人们才搞清楚，原来这些火鸡因为吃了发霉的花生粉饼，而发霉的花生饼中含有一种由黄曲霉菌产生的毒素叫黄曲霉毒素。这是一种很强的致癌物质，能引起许多动物的肝癌，并且与人的肝癌也有一定的相关性。因此，我们对于真菌的基本态度是，认清敌友，扬长避短，让它为人类作出更大的贡献。

罪恶昭彰的病毒

病毒比细菌小得多，只有用能把物体放大到上百万倍的电子显微镜才能看到它们。一般病毒，只有一根头发直径的万分之一那么大。病毒比细菌简单得多，整个身体仅由核酸和蛋白质外壳构成，连细胞壁也没有。蛋白质外壳决定病毒的形状。它们中有的呈杆状、线状，有的像小球、鸭蛋、炮弹，还有的像蝌蚪。病毒不能单独生存，必须在活细胞中过寄生生活，因此各种生物的细胞便成为病毒的"家"。

寄生在人或其他动物身上的病毒称为动物病毒，人类的天花、肝炎、流行性感冒、麻疹等疾病，动物的鸡瘟、猪丹毒、口蹄疫等，都是因为病毒寄生于人体及畜禽细胞而引起的。

寄生在植物体上的叫植物病毒，烟草花叶病、大白菜的孤丁病、马铃薯的退化病等都是由植物病毒引起的。

寄生在昆虫体上的病毒是昆虫病毒，由于这种病毒可以有效地杀死害虫，所以近年来被当做生物农药广泛使用。

还有一类病毒生活在细菌体内，以菌为食，因此被称为噬菌体，是细菌病毒。

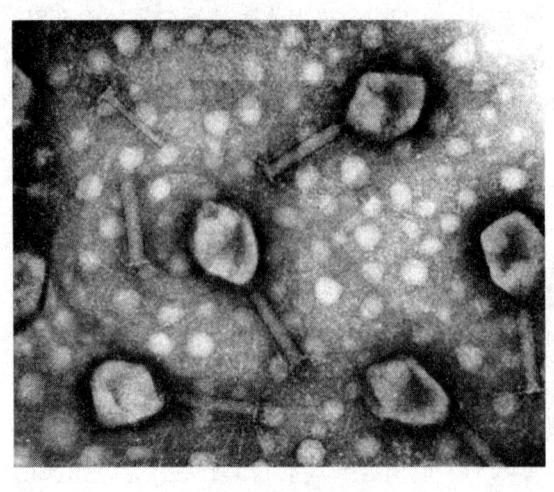

T4 噬菌体

病毒所依赖的活细胞叫寄主，一般每种病毒都有特定的寄主，例如脑炎病毒只能在脑神经细胞内寄生。寄主养活了病毒，而病毒却"恩将仇报"，反过来危害寄主。以人体为寄主的脊髓灰质炎病毒可以导致小儿麻痹症的发生；由流行性腮腺炎病毒引起的腮腺炎，至今还使许多儿童深受其害。1801 年，拿破仑派遣了 2.5 万士兵进军西印度洋的卡伊德岛准备镇压当地黑人。由于军队染上了"黄热病"，结果病死 2.2 万多人，不战自败。直到 1902 年才查明：引起"黄热病"的元凶是黄热病毒。病毒的寄生性为消灭病毒带来了困难，因为消灭病毒或多或少都要伤害寄主。只有在人们认识到动物自身具有免疫机能之后，才逐渐掌握了对付病毒的办法——人工免疫。

最简单的生命体是类病毒，它的个体只有病毒个体的 1/70，只有核酸，别无其他组成物质。类病毒与病毒性质相似，也具有寄生性，可以引起小麦矮化病等症兆。

■ 病毒概说

病毒的定义：病毒是一类比较原始的、有生命特征的、能够自我复制和严格细胞内寄生的非细胞生物。

病毒的特点：

1. 形体微小，具有比较原始的生命形态和生命特征，缺乏细胞结构；

2. 只含一种核酸，DNA 或 RNA；

3. 依靠自身的核酸进行复制，DNA 或 RNA 含有复制、装配子代病毒所必需的遗传信息；

4. 缺乏完整的酶和能量系统；

5. 严格的细胞内寄生，任何病毒都不能离开寄主细胞独立复制和增殖。

人类拥有的病毒记录，或者病毒症状的记录，仅能追溯到有记载的几千年前。而病毒的比较学研究，最多也只有八九十年的历史。通过研究现存的病毒，人们希望能够了解病毒的起源和进化历程，预示病毒特别是人类病原病毒未来的变异和进化的方向，也即需要了解随着环境因素的变化，病毒将怎样变异，变异的速度如何，什么是变异的选择压力等，从而能够有效地控制和避免人类及动物病毒的爆发。

要讨论病毒起源的学说，必须首先定义什么是病毒的起源以及如何判断这个起源的发生。这里我们将病毒或其遗传物质从它的前身大分子中独立出来进行自主复制和进化的时候，定义为病毒的起源。当病毒获得了决定自身繁殖和命运的遗传信息量时，它就获得了新的分类地位成为独立的遗传元件。

对事物的认知有一个共同的规律：从现象到本质。对病毒的认识同样如此。在发现病毒之前，病毒病就已经被人类所认识。

郁金香是荷兰的象征。17 世纪 30 年代，一种得病的郁金香在荷兰掀起"郁金香热"，这就是被最早记载的植物病毒病——郁金香碎色病。得病的郁金香具有条斑花朵，比未得病的郁金香的单色花更漂亮，引起了人们的狂热喜爱。一株得病的郁金香植株的球茎或种苗，可以换到数头公牛、猪甚至更高的价值。至今荷兰阿姆斯特丹的 Rijks 博物馆还保存着一张 1619 年荷兰画师的画像，这张静物画描画的就是有病的郁金香。

天花是一种具有很高病死率的传染病，人类对天花的认识可以追溯到很早

郁金香碎花病

以前。我国几千年前的文献中就提到过天花。16世纪的明代，我国率先发明人痘接种法，预防天花，并随后漂洋过海传播到日本和欧洲各国。1796年，英国乡村医生爱德华·詹纳接种牛痘预防天花试验成功，从而大大提高了接种预防天花的安全性。

巴斯德

狂犬病是最早有记载的家畜中的病毒病。巴斯德作为微生物发展史上的里程碑式的人物，因在1884年发明了狂犬疫苗，对病毒病的防治做出了巨大贡献。

在人类与病毒病做斗争的漫长过程中，虽然并没有认识到致病的根源在病毒，但却为病毒的发现奠定了很好的基础。因为病毒的发现也是从对病毒病的研究开始的。

病毒的起源有三类学说：

1. 退化性起源学说。退化性起源学说认为病毒是细胞内寄生物的退化形式。这种细胞内寄生的产生原因可能是由于微生物对某种不能穿过细胞膜的代谢发生了严重依赖。在细胞内，这类寄生物可以在不影响其生存的情况下逐渐丢失部分生物学功能。它们所必需保留的功能是具有可进行自主复制的DNA复制原点（顺式元件）、可以对复制进行调控的反式调控蛋白，以及能与宿主生物合成及复制系统相互作用的顺式和反式功能。最终的选择结构，就可产生一种专性细胞内寄生的DNA分子或质粒。

退化性起源学说可以把病毒的起源解释为两个阶段：首先，寄生物在细胞内产生独立复制的DNA质粒，然后，编码寄生物亚细胞结构单位的基因发生突变，形成病毒的衣壳蛋白。随着进化的发生，新获得的可在细胞间转移的特性被进一步选择下来。

2. 病毒起源于宿主细胞中的RNA和（或）DNA成分的学说。这种学说认为，病毒是正常的细胞组分在进化过程中获得了自主复制的能力独立进化而来的。该学说能解释所有病毒的起源：DNA病毒起源于质粒或转移因子；

反转录病毒起源于反转座子；RNA 病毒起源于自主复制的 mRNA。

3. 病毒起源于具有自主复制功能的原始大分子的学说，即病毒起源于自主复制的 RNA 分子。核糖核酸多聚体具有自主复制的信息和能力。由于发现 RNA 分子具有催化化学反应的能力，使得 RNA 为生命和病毒的起源的学说变得更具有吸引力。小而简单的 RNA 分子具有至少下列三种化学功能：（1）核糖核酸酶的活性；（2）能自我拼接去掉内部的核酸序列（核酸）；（3）有实验表明，以 RNA 作引物可以合成依赖于模板的多聚胞嘧啶核酸。也就是说，RNA 分子可以进行复制和进化相关的三个基本反应。

这些观察都有利于 RNA 是现今生物的进化起源的学说。首先是 RNA 的形成和复制，然后演变出 RNA—蛋白介导的一系列反应，第三步产生了 DNA。DNA 由于比 RNA 稳定而最终成为遗传信息。RNA 的反应性有利于它作为催化物而不利于它成为遗传物质。有些分子被包装在细胞和组织中，形成宿主细胞，另一些分子则自我复制或寄生在宿主细胞中，进化成为病毒。这一理论认为病毒与宿主是共进化的。现今的类病毒和卫星 RNA，仍保留有部分的 RNA 催化性能，因而被一些学者认为是生命形式出现以前的 RNA 世界的化石。

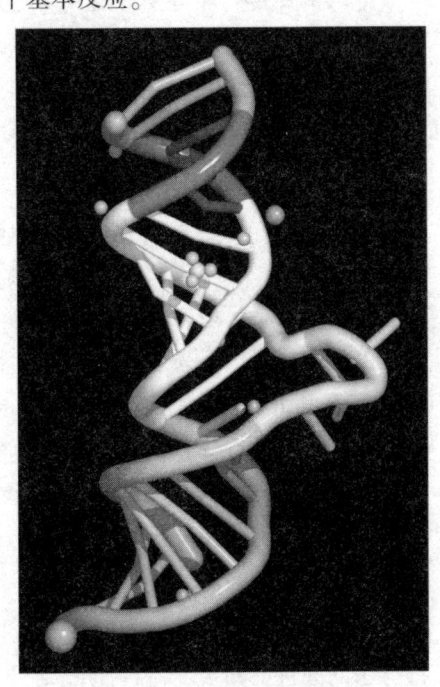

RNA 结构

研究病毒的进化有多种方法，可以通过序列同源性、基因组排列顺序、基因组的基因组成等方面构建病毒的进化树。单基因的进化树并不一定代表病毒的进化树，多个基因串联所获得的进化树比单基因的进化树具有更好的稳定性。基因组的排列顺序与单基因的进化分析从两个不同的侧面反映了病毒的进化。研究基因组成的演化对揭示基因的起源及病毒与宿主之间的关系具有重要意义。

DNA 病毒和 RNA 病毒的进化。突变和重组都是 DNA 病毒进化的决定因素。DNA 病毒容易在宿主体内形成持续性或慢性感染，它们可以在宿主体内存在多年而后暴发，其间可能几乎不发生变异，因此，这类病毒的变异速率可能表现得比裂解型病毒慢一些。一般来讲，DNA 病毒不会像 RNA 病毒那样引起人类世界范围的流行性疾病。

RNA 病毒引起的疾病流行和变异成为研究 RNA 病毒进化，特别是进化时间的良好素材。

病毒的遗传能保持物种的相对稳定，维系生物界的平衡；而病毒的变异可导致新品种出现，孕育生物界的进化。病毒是一类极为简单的分子生物，核酸是遗传的物质基础，核酸复制的忠实性使病毒具有稳定的遗传表现。但由于病毒没有细胞结构，其遗传物质极易受外界环境及细胞内分子环境的影响而发生改变，病毒与其他生物相比，其遗传具有更大的变异性。

病毒的变异主要源于其基因组的突变和重组。病毒突变一般分为自发突变和诱导突变。自发突变是在没有任何已知诱变剂的条件下，病毒子代产生高比例的突变体，最后导致表型变异。诱导突变则是利用不同的物理或化学诱变剂处理病毒，提高病毒群体突变率，诱导病毒子代出现特定的突变类型。DNA 病毒和 RNA 病毒在突变频率上有较大的差别。病毒突变类型可从多层次、不同水平进行分类，但目前作为研究工具的突变体类型主要有无效突变体、温度敏感突变体、蚀斑突变体、宿主范围突变体、抗药性突变体、抗原突变体、回复突变体等。

病毒重组一般通过分子内重组、拷贝选择和基因重配三种机制完成。分子内重组需要核酸分子的断裂及其他核酸分子的再连接，拷贝选择不涉及核酸分子的共价键断裂，基因重配则是具分段基因组病毒之间核酸片段交换，基因组各片段在子代病毒中随机分配。病毒重组机制不同，其重组频率有很大差别，且 RNA 分段基因组病毒同型不同株病毒间的重组经重组重配机制进行，其重组率可高达 50%。通过病毒重组，可构建表达特定外源基因的重组病毒，可使灭活病毒经交叉感染或复感染得以复活，这在病毒的研究和利用上都具有重要意义。

病毒表型突变除了源于基因组的突变和重组外，还有一些非遗传因素影响病毒变异。无囊膜病毒的转壳、表型混杂及具囊膜病毒的伪型病毒都可使病毒的表型发生改变。病毒的同源干扰、缺陷干扰及缺陷病毒的存在也会对病毒表型变化产生影响。

如何利用病毒突变和重组建立病毒生物学研究的有效方法，如何利用重组病毒构建重要疾病基因治疗载体，是研究病毒遗传和变异的主要目的之一。虽然有一些病毒现已可通过序列分析进行其基因组研究，但病毒重组作图、重配作图、中间型杂交、转录图和多肽图等仍是研究病毒遗传图的重要方法。在病毒基因功能研究中，经典的互补试验、克隆基因的互补试验及利用突变和重组进行的顺式因子分析、反式因子分析和基因瞬时表达，都有着不可替代的作用。由于一些病毒可以感染动物和人类的特异组织细胞，利用这些病毒构建表达外源基因载体，用于人类一些特殊疾病的基因治疗，这一方面具有诱人的前景。

比如，为什么过去感染过流感的人，虽然体内已经产生了抗体，但对新型病毒变异株却可能没有免疫力呢？为什么流感大流行会经常反复地出现，而为了能够提供有效防御流感的疫苗，则必须频繁地制造出新的流感疫苗呢？这是因为：流感病毒的抗原性会因为核酸的复制、装配等各种因素而发生变化，有了这些变化，流感病毒就可以有效地逃避宿主的免疫清除。

 知识点

病 毒

病毒同所有生物一样，具有遗传、变异、进化的能力，是一种体积非常微小，结构极其简单的生命形式，病毒有高度的寄生性，完全依赖宿主细胞的能量和代谢系统，获取生命活动所需的物质和能量，离开宿主细胞，它只是一个大化学分子，停止活动。病毒可制成蛋白质结晶，为一个非生命体，遇到宿主细胞它会通过吸附、进入、复制、装配、释放子代病毒而显示典型的生命体特征，所以病毒是介于生物与非生物之间的一种原始的生命体。

细菌种类的进化

幸亏达尔文研究的是雀类动物，而不是细菌。无处不在的微生物有着复杂的家谱——包含各种性别的繁殖和关联甚少的细菌之间的基因突变——因此，微生物种类的确切概念仍然值得商榷。目前，一项关于引起食物中毒的微生物的遗传研究表明，细菌种类的进化可能和雀类的进化没有太大的差别。

如果你的胃疼痛难忍，而且还伴随着腹泻的话，罪魁祸首应该是空肠弯曲菌或者大肠弯曲菌。世界各地绝大部分的食物中毒案例都是由这两种细菌造成的。在细菌进化的过程中，这两种细菌差异非常明显，它们最保守的基因中只有86.5%是相同的（相对而言，99%的人类基因组序列和黑猩猩都是相同的）。几百万年以来，它们都寄居在不同的宿织物上。但是在过去的一万年里，这个界限开始模糊了：农场上，在被驯化动物（比如鸡和奶牛）的肠道内，在被农场动物排泄物污染的土壤和水里，这两种细菌经常能遭遇彼此。当动物之间的这种生态屏障被打破后——例如，两种不同种类的达尔文雀栖息在同一个圣克鲁斯海岛上——就会出现杂交现象，不同物种之间的界限会变得模糊。如此典型的进化动力学现象会出现在空肠弯曲菌和大肠弯曲菌身上吗？

为了找到答案，由英国牛津大学微生物遗传学家马丁·梅登带领的一个小组，采用多位点测序分型技术（MLST）进行了研究。凭借该技术，研究者们利用从七个高度保守的基因获取的DNA序列创造了一个细菌的遗传指纹。当研究者们分析从农场获得的该细菌时，他们在1/10的细菌提取物里发现了杂交的迹象，通过多位点测序分型的空肠弯曲菌出现在大肠弯曲菌的基因组里，在大肠弯曲菌里也发现了空肠弯曲菌基因组的存在。研究小组得出了以下结论，在达尔文雀身上发生物种界限模糊的事情也发生在这两种细菌身上。

这种杂交不会持续很长时间。因为这两种细菌之间不是物种间的平等遗传互换，大肠弯曲菌与空肠弯曲菌的杂交要比空肠弯曲菌与大肠弯曲菌杂交普遍二十倍，该小组将此发现发表在《科学》杂志上。小组成员预言，如果这个趋势持续下去，大肠弯曲菌将会"丧失其特性"，变得越来越像空肠弯曲菌，直到它在遗传上无法被分辨出来！

不是每个人都认同这个结论。"物种为了真正的融合"，康乃狄格州米德尔顿卫斯理大学的微生物遗传学家弗雷德里克·科汉说道，它们的"生态定义"基因必然会丧失。达尔文雀是一个很好的例子，基因是形成不同种类物种的原因。人类只有对弯曲杆菌基因的功能有更多的了解后，才能真正找到问题的答案。

细　菌

广义的细菌即为原核生物，是指一大类细胞核无核膜包裹，只存在称作拟核区（或拟核）的裸露 DNA 的原始单细胞生物，包括真细菌和古生菌两大类群。人们通常所说的细菌为狭义的细菌，为原核微生物的一类，是一类形状细短，结构简单，多以二分裂方式进行繁殖的原核生物，是在自然界分布最广、个体数量最多的有机体，是大自然物质循环的主要参与者。

鱼类和两栖类动物的进化

YULEI HE LIANGXILEI DONGWU DE JINHUA

　　本章内容着重讲述了鱼类和两栖类动物的进化。鱼类是最古老的脊椎动物。它们几乎栖居于地球上所有的水生环境——从淡水的湖泊、河流到咸水的大海和大洋。鱼类是终年生活在水中，用鳃呼吸，用鳍辅助身体平衡与运动的变温脊椎动物。已探明的鱼类约20000余种，是脊椎动物亚门中最原始最低级的一群。鱼肉富含动物蛋白质和磷质等，营养丰富，滋味鲜美，易被人体消化吸收，对人类体力和智力的发展具有重大作用。鱼体的其他部分可制成鱼肝油、鱼胶、鱼粉等。有些鱼类如金鱼、热带鱼等体态多姿、色彩艳丽，具有较高的观赏价值。

　　两栖类动物既有从鱼类继承下来适于水生的性状，如卵和幼体的形态及产卵方式等；又有新生的适应于陆栖的性状，如感觉器官、运动装置及呼吸循环系统等。变态既是一种新生适应，又反映了由水到陆主要器官系统的改变过程。两栖类动物约有4000多种，常见的如大鲵，俗称"娃娃鱼"，以及蛙类等。

鱼类的起源

　　鱼的起源很早，在世界上还没有人类的时候，鱼类就生活在海洋里了。虽然在数亿年的演化过程中有一些古老的种类已经灭绝，但另有其他新兴的种类继之产生。据文献记载，鱼最初发现于距今 4 亿年的奥陶纪地层，但所得到的那时鱼类的化石是不完整的，一直到了志留纪晚期，才完整地获取了关于化石及早期脊椎动物关系的概念。泥盆纪时，各种古今鱼类均已出现。泥盆纪时代既可谓是鱼的初生年代，也是鱼的极盛时代。当时，由于其他的脊椎动物还不多，所以有人把泥盆纪称为"鱼的时代"。到了新生代，各种鱼类十分繁多，成为脊椎动物中最大的类群，为鱼类发展史中的全盛时代。

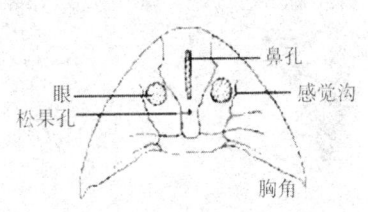

a 盔甲鱼 云南，泥盆纪

b 多鳃鱼 云南，

无颌类鱼

　　从泥盆纪所取得的化石分析，古代鱼类可分为四大类：无颌类、盾皮类、软骨鱼类及硬骨鱼类。无颌类动物在志留纪及泥盆纪中最多，被公认为最早的脊椎动物，化石的无颌类的身体几乎被厚硬骨板及硬的东西包被，故称为甲胄鱼类。盾皮鱼类是最早的有颌类，它们在泥盆纪时盛极一时，但到了末期则大部分绝灭。有人认为软骨鱼类及硬骨鱼类是由盾皮类沿两个方向演变而来，但至今仍无证据证实。软骨鱼类被认为是

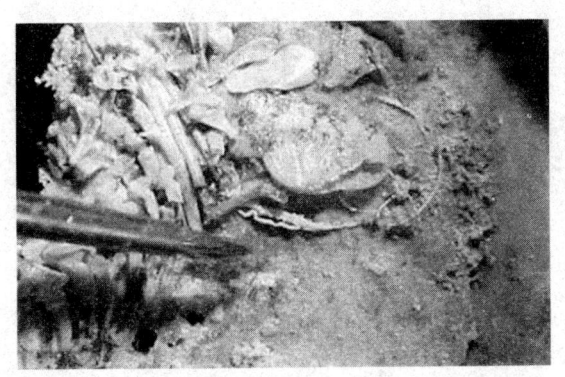

盾皮鱼类化石

最"原始"的鱼类，但一般认为软骨鱼类与硬骨鱼类是两支平行发展的分支。最早的硬骨鱼类是古鳕类，再由此演变为现存的绝大多数的硬骨鱼类。硬骨鱼类中的内鼻孔鱼类的典型原始类型代表是双鳍鱼与和骨鳞鱼，后者是最早

软骨鱼——鲨鱼牙齿化石

的泥盆纪的总鳍鱼类。而总鳍鱼类又被认为是最早的两栖类的直接祖先。在脊椎动物五大类中，鱼类是最低等的，在地球上出现的时间也最早。我们对现生鱼类都较熟悉，但对地质史上的早期鱼类以及它们如何进化为现生鱼类，就比较生疏了。现在让我们顺着时间的长河，向前追溯。

现知最早的鱼类化石，发现于距今约5亿年前的寒武纪晚期地层中，但只是一些零散的鳞片，未能给我们一个有关鱼类身态的轮廓。到距今4亿年至3亿5千万年前的志留纪晚期和泥盆纪时，才有大量鱼化石被发现。这些鱼化石，有的在构造特征上彼此已很不一样，说明当时已有多种鱼类存在。很可能，在有化石记录之前，它们业已分道扬镳，在各自进化途径上走过了一段相当长的路程。

最早出现的鱼类是无颌鱼类。顾名思义，它们还没有上、下颌，只有一个漏斗式的口位于身体前端。这种

硬骨鱼化石

口，不能主动摄食，只有靠水流把微小生物带进口内。再者是它们没有腹鳍，但有膜质的外骨骼，包裹在身体外边。所以无颌鱼类又有甲胄鱼类之称。由于这外骨骼的存在，曾引起有关学者的一番争论：到底是软骨在先或硬骨在先？在脊椎动物胚胎发生过程中，总是先出现软骨，然后由软骨形成硬骨。一般认为，个体发生反映系统发生。据此，在生物进化过程中，应该是软骨在先，硬骨在后，可最早的脊椎动物先出现的却是硬骨，这怎么解释？有人说，还是软骨在先，只是软骨不能保存为化石而已。到底怎样，至今未有定论。

无颌鱼类包括迥然不同两大类：头甲类和鳍甲类，每类又各有分支，有不同类型的形形色色代表，也曾繁盛一时。但好景不长，到泥盆纪中期（距今约 3 亿 5 千万年前），它们绝大多数灭绝了。只因现生的七鳃鳗和盲鳗的某些特征与头甲类的一致，学者揣测，前者有可能是后者的现生代表。按此，头甲类应还没最后绝灭。可是，从头甲类到七鳃鳗和盲鳗之间，从泥盆纪到现代的 3 亿多年里，都没发现它们的中间环节。究竟这些靠寄生生活的现代无颌鱼类是如何从身披甲胄的祖先进化来的，还是一桩悬案。鳍甲类无现生代表，被认为是一灭绝的类别。但是，由于鳍甲类中的异甲类的某些特征与后期有颌鱼类的近似，有人说，异甲类可能是有颌鱼类的远祖。是否这样，尚需更多的论证。

最早的有颌鱼类是盾皮鱼类，它不仅已有上、下颌，并还有了偶鳍。这样，它便有可能主动摄食了。盾皮鱼类通常分节甲类和胴甲类，它们都披有甲，在泥盆纪晚期最为繁盛。前者可以尾骨鱼为代表，后者可以沟鳞鱼为代表。有人认为，盾皮鱼类可能与现代鲨类有亲缘关系，但另一些人认为可能与硬骨鱼类的关系更密切。

板鳃类也称软骨鱼类，包括鲨类和全头类。鲨类常被认为是比较原始的鱼类，因为它们具软骨骨骼。软骨在先，硬骨在后。但也有人

裂口鲨

认为鲨类的软骨是次生性的，是由硬骨"退化"来的，硬骨在先，软骨在后。

最早的软骨鱼类出现于泥盆纪早期（距今 3 亿 8 千万年前），裂口鲨常被视为最原始代表之一，并很可能是所有鲨类的祖先。它是一种近于 1 米来长的鲨类，有一个典型的鲨类体型——纺锤形，眼大，靠近吻端。两个背鳍，第一背鳍前有一粗壮的背刺。胸鳍特别大，腹鳍小。尾鳍外形上、下叶对称，内部构造上脊柱却一直伸到尾鳍上叶的末端，故仍为歪形尾。偶鳍基部宽，末端尖，为原始类型的鳍。牙齿"笔架"形，中央的齿尖高，两侧的低。从裂口鲨这种近似软骨鱼类中心基干出发，进化出后期的各种鲨类，包括典型的鲨类和身体扁平的鳐类。这些鲨类从中生代到现在一直生活在海洋中，既没有特别昌盛过，但也没有被淘汰。

硬骨鱼类是最进步的鱼类，也是现今世界上水域中的"主人"。一般认为，硬骨鱼类是从棘鱼进化来的。棘鱼是早期有颌鱼类，早志留纪（距今 4亿年前）便已出现，一直延续到二叠纪（距今 2 亿 5 千万年前）。这是一种小型鱼类，曾被认为与盾皮鱼类有关，与软骨鱼类有关，近年来通过对新材料的研究，才确定它与硬骨鱼类有关。

肺　鱼

硬骨鱼类分两大支，一支叫辐鳍鱼类，一支叫肉鳍鱼类。前者最早出现于距今约 3 亿 8 千万年前的泥盆纪中期，经过软骨硬鳞类（部分软骨、斜方鳞、明显歪尾）、全骨鱼类（部分软骨、斜方鳞、轻歪尾）和真骨鱼类（硬骨、圆鳞、正尾）三个进化阶段而至现代鱼类。肉鳍鱼类包括总鳍鱼和肺鱼，而总鳍鱼又分空棘鱼类和扇鳍鱼类。拉蒂迈鱼是空棘鱼类的惟一的现生代表，而扇鳍鱼类则全为化石种类。后者曾被认为是陆生四足动物的祖先，但近年被我国学者所否定。肺鱼类从泥盆纪（3 亿 6 千万年前）开始出现，直到现在还有澳洲肺鱼、非洲肺鱼和南美肺鱼为代表。

顾名思义，肺鱼是可用肺呼吸的，这可是陆生脊椎动物的基本要求，再加上其他一些特征，肺鱼曾被认为可能是陆生四足动物的祖先。后来这"祖先"地位被"具有内鼻孔"的扇鳍鱼所取代。20世纪80年代，随着扇鳍鱼类内鼻孔的被否定，于是有关学者又回到肺鱼中去寻找陆生四足动物的祖先了。

　　1938年12月22日，有人在非洲东南沿岸捕到一条大鱼，其身长1.5米，重58千克，后经专家研究与确认，认为这条鱼应属总鳍目的一个新的科，至此，人们终于把已绝迹的鱼找了回来，后来此鱼被命名为拉蒂迈鱼（矛尾鱼）。矛尾鱼这种活化石的出现给了我们很大的启示。大家都知道，人类是经过漫长的历程进化而来的；鱼类上陆进化为两栖类，然后完全脱离水域进化为陆地的是爬行类和哺乳类，最后才进化为人类。具体地说，总鳍鱼类分为两支，其中一支（骨鳞鱼类）脱离了水域，逐步进化为人；另一支比较保守（空棘鱼类），始终没有离开水。现在的矛尾鱼类就是后者的后代。矛尾鱼这种活化石为我们提供许多无法从化石材料中获取的情况。

中华鲟

　　中华鲟又称鳇鱼，国家一级保护动物。属于软骨硬鳞鱼类，身体长梭形，吻部犁状，吻端尖，略向上翘。口下位，成一横列，口的前方长有短须。眼细小，眼后头部两侧，各有一个新月形喷水孔，全身披有棱形骨板五行。

　　中华鲟有一亿多年的悠久历史，如此古老鱼类已经不多。从它身上可以看到生物进化的某些痕迹，所以被称为水生物中的活化石，具有很高的科研价值。

　　中华鲟是一种大型洄游性鱼类，最大的个体可以达到400~500千克。平时，中华鲟栖息于北起朝鲜西海岸，南至我国东南沿海的沿海大陆架地带。在海洋里生活了9~18年后，性腺发育接近成熟时，便成群结队向长江洄游，到达长江上游四川宜宾一带和金沙江下段繁殖。

两栖类动物概说

两栖纲属于脊椎动物亚门。两栖动物是一类原始的、初登陆的、具五趾型的变温四足动物，皮肤裸露，分泌腺众多，混合型血液循环。其个体发育周期有一个变态过程，即以鳃（新生器官）呼吸生活于水中的幼体，在短期内完成变态，成为以肺呼吸能营陆地生活的成体。现生的两栖纲种类甚少，共有三目，约40科400属4000种。除南极洲和海洋性岛屿外，遍布全球。中国现有11科40属270余种，主要分布于秦岭以南，华西和西南山区属种最多。

两栖动物是从水生过渡到陆生的脊椎动物，具有水生脊椎动物与陆生脊椎动物的双重特性。它们既保留了水生祖先的一些特征，如生殖和发育仍在水中进行，幼体生活在水中，用鳃呼吸，没有成对的附肢等；同时幼体变态发育成成体时，获得了真正陆地脊椎动物的许多特征。如用肺呼吸，具有五趾型四肢等。两栖类动物约有4000多种，常见的如大鲵，俗称"娃娃鱼"以及蛙类等。

两栖动物四肢发展成为强有力的、适于陆地行走的推进器官，有长尾；能用肺呼吸；卵无羊膜结构，必须产在水中并在水中孵化；幼体在水中生活，用鳃呼吸，变态后生长出四肢，爬上陆地，用肺呼吸。

从总鳍鱼类继承而来的具有两种椎体要素的早期两栖类向着加强脊柱，支撑身体重量，适于陆地生活的方向发展。椎体的结构和形态成为两栖纲分类的基础。

两栖类的椎体形态有两种类型：一种叫壳椎，古生代许多小的两栖类和现代两栖类具有这种椎体形态，这种椎体是单一的一块，常中空；另一种叫弓椎，这种椎体由间椎体和侧椎体两种骨骼要素所组成，这样的椎体是从总鳍鱼类直接继承而来的。壳椎可能是由此种弓椎进一步发展而成的。弓椎是晚古生代的迷齿两栖类中发现的，它们在今天的高等脊椎动物各纲中仍变态地存在着。

现存两栖类中最小的是古巴蛙，体长不到12厘米（约0.5寸）。最大的

是东亚的大鲵，体长达 160 厘米（约 63
寸）。两栖纲种数少于任何其他陆生脊椎
动物纲。结构变异很大：蚓螈体型较长，
无附肢，形似蠕虫，而蛙类的身体粗短，
无尾，腿长；分布于全世界，但大多集
中在热带地区；个别科和许多属仅见于
热带。蝾螈主要分布在北温带，只有一
个科也见于中美和南美北部。雨蛙科
（树蟾科）最北分布到加拿大西北部的
沼泽地；蛙科除南极、新西兰和格陵兰
外，所有的主要地区皆有分布。蚓螈遍
布热带。鳗螈仅分布于美国东南部和墨
西哥东北部。

大　鲵

　　本纲大多数种皆属独居生活，但蛙
类的许多种类在春、夏两季聚集在一起
鸣叫。多数种类具水生幼体阶段，经变
态成为陆生的成体。个别特殊种类终生
营水生生活，但许多种蝾螈和蛙以及所有的产卵蚓螈都离开开阔的水域产卵。
某些种类无水生幼体阶段。大多数两栖类在繁殖地与其栖息地之间进行季节
性的迁徙运动。蚓螈、鳗螈及某些蝾螈的生殖地和栖息地是同一地点，但其

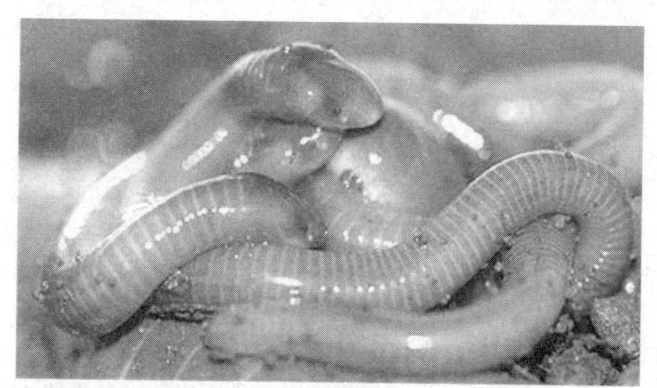

蚓　螈

他的种类必须进行
年度旅行。如从比
较干燥的小山边转
移到某些池塘或山
谷的小溪流中。会
叫的雄性蛙和蟾蜍
发现适于繁殖的地
域后发出的叫声可
将 0.4 或 0.8 千米
之外的其他雄性和

雌性招来。

蚓螈和大多数蝾螈体内受精，鳗螈是体内还是体外受精尚未搞清。除少数例外，大部分蛙类和蟾蜍都是体外受精。大多数蚓螈产卵于陆上；水生种类卵胎生。鳗螈和多数蝾螈产卵于水中，其余蝾螈产卵于陆上、洞巢、腐木或潮湿的碎石中。蛙类的护卵方式各种各样。在北温带，大多数种类产卵于池塘或溪流；许多热带种类护卵的方法很稀奇。有的将卵产于地洞里，待蝌蚪孵出后，雄蛙将小蝌蚪放在背上送到水中；有些种类的雌性背上有一特殊的小袋，卵被放在小袋里直至孵化。雄性达尔文蛙将卵放在声囊里发育成幼蛙。幼蛙皮肤柔软，无鳞，无腺体，对干燥特别敏感，故潮湿的环境是其主要生态需要。虽有少数种类终生生活在水中，但大多数种类至少在陆上生活一段时间，或在潮湿的碎石下，或在水域附近。个别种类陆栖性较强，但亦不能完全脱离潮湿的环境。

两栖动物

两栖动物是最原始的陆生脊椎动物，既有适应陆地生活的新的性状，又有从鱼类祖先继承下来的适应水生生活的性状。多数两栖动物需要在水中产卵，发育过程中有变态，幼体（蝌蚪）接近于鱼类，而成体可以在陆地生活，但是有些两栖动物进行胎生或卵胎生，不需要产卵，有些两栖动物从卵中孵化出来几乎就已经完成了变态，还有些终生保持幼体的形态。

盾皮鱼概说

最早可确认的盾皮鱼生活在晚期志留纪。盾皮鱼在泥盆纪末期全部灭绝。最早一批志留纪盾皮鱼化石发现于中国，主要是节甲鱼类和胴甲鱼类。显然盾皮鱼起源分化于泥盆纪以前，可能在志留纪早期或中期，尽管更早的盾皮鱼化石还没有被发现。志留纪的盾皮鱼化石往往是一些骨甲碎片，有些种的分类命名也十分不可靠。

有些古生物学家认为志留纪盾皮鱼的生活环境可能不利于化石保存，并不是真的很少。这个假说也解释了在泥盆纪早期大量盾皮鱼的出现。

盾皮鱼

与志留纪形成反差的是，在泥盆纪，盾皮鱼在各种水生生态系统中占优势，包括海水和淡水。盾皮鱼在泥盆纪末全部灭绝，没有一个种存活到石炭纪。

在中国发现了许多早期的盾皮鱼化石，尤其是在泥盆纪早期地层中发现了属于原始胴甲鱼类的云南鱼类和始突鱼类，这在世界其他地方没有发现过。近来又在云南发现了志留纪的胴甲鱼化石，说明胴甲鱼起源于东亚。

盾皮鱼类是泥盆纪最占优势的水生脊椎动物。许多盾皮鱼都是掠食者。大多数盾皮鱼生活在水域底部，因为骨甲实在太重。有些盾皮鱼，主要是节甲鱼类，生活在中上层水域，是敏捷的掠食者。目前已知最大的节甲鱼，邓氏鱼，有 8～11 米长，被认为在全球范围内有分布。目前在欧洲、北美、摩洛哥等地区发现了它的化石。有些小型的节甲鱼，比如说 Fallacosteus 和 Rolfosteus，有弹头型的头部骨甲，说明许多节甲鱼都擅长游泳。

一般认为，盾皮鱼是在与新进化出的硬骨鱼和鲨鱼的竞争中衰弱并灭绝的。也有认为是环境变化所致。和恐龙一样，盾皮鱼在泥盆纪末的全部灭绝也有诸如小行星撞击等说法。

硬骨鱼的进化历程

硬骨鱼类最早出现于中泥盆纪。它们骨骼中的一部分或者全部骨化成硬

骨质。头骨的外层由数量很多的骨片衔接拼成一套复杂的图式，覆盖着头的顶部和侧面，并向后覆盖在鳃上。鳃弓由一系列以关节相连的骨链组成；整个鳃部又被一整块的骨片——鳃盖骨所覆盖。因此，它们在鳃盖骨后部活动的边缘形成鳃的单个的水流出口。它们的喷水孔大为缩小，甚至消失。

这些硬骨鱼类的脊椎骨有一个线轴形的中心骨体，称为椎体；椎体互相关联，并连成一条支撑身体的能动的主干。椎体向上伸出棘刺，称为髓棘；尾部的椎体还向下伸出棘刺，称为脉棘。胸部椎体的两侧与肋骨相关联。额外的鳍退化消失；所有功能性的鳍内部均有硬骨质的鳍条支撑。体外覆盖的鳞片完全骨化。原始的硬骨鱼类的鳞较厚重，通常成菱形，可分为两种类型：一种是以早期肉鳍鱼类为代表的齿鳞，另一种是以早期辐鳍鱼类为代表的硬鳞。随着硬骨鱼类的进化发展，鳞片的厚度逐渐变薄，最后，进步的硬骨鱼类仅有一薄层的骨质鳞片。原始的硬骨鱼类具有机能性的肺，但后来大多数的硬骨鱼类的肺转化成了有助于控制浮力的鳔。

泥盆纪中期，硬骨鱼类分化成走向不同进化道路的两大分支：辐鳍鱼类（亚纲）和肉鳍鱼类（亚纲）。

对古生物学的研究来说，骨骼特征更为重要，由保存下来的骨骼反映出形态特征，对鱼类化石的分类非常重要，尤其是头部骨骼构造。硬骨鱼的鳞片，其形态和结构均具有演化和分类上的意义。在古老的硬骨鱼类中有两种类的鳞片结构，即硬鳞和齿鳞；在现代的硬骨鱼类中则为骨鳞，包括圆鳞和栉鳞。

硬鳞是原始硬骨鱼所具有的鳞片，来源于真皮。它呈菱形，其表面珐琅质层（闪光层）和底部的骨质层都很厚，而中间具血管的齿鳞层很薄。现生者仅为少数鱼类如多鳍鱼和鲟鱼所具有。而化石鱼类具硬鳞者颇多。齿鳞又称整列层鳞，为原始总鳍鱼和肺鱼所有。它们由下而上分为四层：片状骨质层、海绵状具血管腔的骨质层、具血管的齿鳞层以及表面的珐琅质层。

骨鳞是硬骨鱼类中最进步的真骨鱼类所具有的鳞，为常见的鳞，来源于真皮细胞骨化所生成的骨质板，硬鳞层退化，鳞片薄而富有弹性，通常为圆形，叠瓦状排列。后缘光滑无锯齿者称圆鳞，后缘有锯齿者称栉鳞。后者多见于海生类型。

两栖动物的起源与演化

1932 年在格陵兰东部晚泥盆纪地层中发现了鱼石螈。它既有继承鱼类的祖征，如残留的两小块鳃盖骨和位于尾部的鳍条；又有两栖类的新征，如内鼻孔，耳鼓窝表示有中耳发生和典型的五趾型四肢等。总鳍鱼类的扇骨鱼类偶鳍已孕育着发展为五趾

鱼石螈

型的趋势。这些显示了硬骨鱼类与两栖类可能有的渊源关系。近年来有人认为鱼石螈类只是已特化了的和能适应陆地生活的基本结构的一个旁支。两栖纲的起源与演化争议颇多，尚待探索。

从泥盆纪总鳍鱼类进化而来的两栖类，即使在最原始的晚泥盆纪（鱼石螈）中也表现出它们在向陆地推进方面获得了很大的成功。例如：四肢发展成为强有力的、适于陆地行走的推进器官，能用肺呼吸空气等，但是它们在生殖方面却没有发展，仍像鱼类一样，卵无羊膜结构，必须产在水中并在水中孵化。幼体在水中生活，用鳃呼吸，变态后生长出四肢，爬上陆地，用

青　蛙

肺呼吸。这些就是两栖类的鉴别特征。这样的特征反映了两栖类从鱼类进化而来的系统发生历史，也反映了两栖类的进化地位。

现存两栖类的无尾类从进化历史来看，它们是非常特殊的类群。现代有尾类蝾螈的形态特征代表两栖类的一般特征，它们四肢发达，有长尾，非常像晚泥盆纪的鱼石螈。鱼石螈的骨骼形态特征，特别是肢骨特征，奠定了后来陆栖四足脊椎动物的基础。由于它刚从总鳍鱼类进化而来，所以它的头骨仍保留着较多的骨片，相似于它的鱼类祖先。

蝾螈化石

根据化石记录，最早的两栖类出现于泥盆纪晚期，它们是从总鳍鱼类进化而来的。泥盆纪以后，它们分支进化出多种多样的类群。在石炭纪和二叠纪期间它们不仅种类繁多，而且许多类群中有相当大的个体，成为当时地球上占优势的动物。虽然爬行类在石炭纪已经出现，但在石炭纪和二叠纪时，它们在多样性及个体大小方面还比不上两栖类，所以石炭纪和二叠纪又称为两栖类的时代。在二叠纪之后，两栖类便衰落了，在晚古生代繁盛的多数种类在二叠纪晚期绝灭了，少数种类可以残存到中生代的早、中期。可能起源于晚古生代晚期并在三叠纪有可靠化石记录的现代两栖类，经过中生代生存至今，就是现在人们非常熟悉的青蛙、蟾蜍和蝾螈等。在世界上晚古生代的两栖类化石发现了不少，有许多非常完整的骨架。我国古生代两栖类的化石记录仅有新疆天山一处，而在中生代的地层中则多处发现了古生代残存下来的迷齿两栖类。

大　鲵

大鲵俗称娃娃鱼，为两栖脊索动物，有尾目中最大的一种，身体全长可达 1 米及以上，体重最重的可超百斤，外形有点类似蜥蜴，只是相比之下更肥壮扁平。最近科学家研究：大鲵小时候用的是鳃呼吸，长大后用肺呼吸。大鲵栖息于山区的溪流之中，在水质清澈、含沙量不大，水流湍急，并且要有回流水的洞穴中生活。大鲵头部扁平、钝圆，口大，眼不发达，无眼睑。身体前部扁平，至尾部逐渐转为侧扁。身体两侧有明显的肤褶，四肢短扁，指、趾前四后五，具微蹼。尾圆形，尾上下有鳍状物。大鲵的体色可随不同的环境而变化，但一般多呈灰褐色。体表光滑无鳞，但有各种斑纹，布满黏液。身体腹面颜色浅淡。

现代两栖动物的形态和机能

现代型两栖动物皮肤裸露而湿润，通透性强，起到调控水分、交换气体的作用；皮肤满布多细胞粘液腺和表皮下的内微血管，在湿润状态下为肺的辅助器官。此外还有"毒腺"。随着肺的发生，循环系统也有相当大的改变：心房分隔为两个，分别接纳来自肺循环与体循环的血液，心室为一个，其中有混合的静脉血和动脉血。新陈代谢率低，对潮湿温暖环境条件的依赖性强。

现代型两栖动物头部骨片少，骨化程度弱；头颅扁平而短，眼眶与颞部相通，枕部短于面部，与已绝灭的古两栖类大不相同。椎骨有前、后关节突，脊柱和附肢骨相应起了变化。脊柱分化有颈椎和荐椎各一枚，躯椎和尾椎的数目因种类而异。肋骨短或无，无胸廓，主要由鼻瓣和口腔的动作将空气压入（而不是吸入）肺内。肩带不再像鱼类那样与头后部骨片关联，而是悬于肌肉之间，头部与前肢的活动互不受牵制；腰带与荐椎相关联，因而扩大了活动范围，增强了支撑身体的能力。指以四、五趾为主。现代型两栖动物的骨骼肌肉系的形态机能，比水生的鱼类有更大的坚韧性和灵活性。左右麦克尔氏软骨相接处或有细小颐骨。

它们有内鼻孔。连接内外鼻孔的鼻道除用来嗅觉外，还是肺呼吸必备的关键性结构。它们有保护眼睛的眼睑和泪腺，有捕猎食物的肉质舌，有湿润舌面的颌间腺。有中耳发生，耳盖骨与耳柱骨形成本纲所特有的复合结构；通过中耳可将声波传导到内耳。耳柱骨与鱼类的舌颌骨是同源器官。大脑开

始分为两个半球。脑神经有 10 对。

两栖动物的生殖发育

两栖动物以体外受精为主，少数可行体内受精，但无真正的交接器——阴茎。卵生，偶有卵胎生或胎生。卵小而多，除卵胶膜外，无其他护卵装置，与鱼类一样同属于无羊膜动物，这是向完全陆栖发展的障碍。幼体阶段有侧线器官，以鳃呼吸。鳃的形态、发生与鱼类的迥然不同，属新生器官。幼体形态不能代表近祖型性状，经过变态幼体器官或萎缩或消失或改组，形成有显著进步趋势的成体。成体与幼体两个阶段形态上的差别越显著（如无尾目），变态也越剧烈，对繁衍后代也越有利。在变态前后的两个生长发育阶段不能完全脱离水域或潮湿环境而生存，这是过渡类群的关键特征。

鸟类和爬行类动物的进化

NIAOLEI HE PAXINGLEI DONGWU DE JINHUA

本章内容着重讲述了鸟类和爬行类动物的进化。鸟类通常是带羽、卵生的动物，有极高的新陈代谢速率，长骨多是中空的，所以大部分的鸟类都可以飞翔。最早的鸟类大约出现在 1.5 亿年前。它们的身体呈纺锤形、前肢进化为翼，体表有羽毛，体温恒定，肌胸发达，骨骼愈合、薄、中空，脑比较发达。有气囊可以进行双重呼吸，没有膀胱则可以减少身体质量。这些身体特征都很适应飞翔。

爬行动物属于脊椎动物亚门。它们的身体构造和生理机能比两栖类动物更能适应陆地生活环境。身体已明显分为头、颈、躯干、四肢和尾部。颈部较发达，可以灵活转动，增加了捕食能力，能更充分发挥头部眼等感觉器官的功能。爬行动物的骨骼发达，对于支持身体、保护内脏和增强运动能力都提供了条件。用肺呼吸，心脏由两心耳和分隔不完全的两心室构成，逐步向把动脉血和静脉血分隔开的方向进化。大脑结构比两栖类有了进一步发展，感觉器官也增加了复杂程度，功能进一步增强。

鸟类概说

鸟类通常是带羽、生蛋的动物，有极高的新陈代谢，所以大部分的鸟类

都可以飞。鸟类最先出现在侏罗纪时期。爬虫类和鸟类的始祖究竟是什么生物，在古生物学家中仍很有争议。

全世界现有鸟类 8700 余种，我国有 1183 种。绝大多数营树栖生活。少数营地栖生活。水禽类在水中寻食，部分种类有迁徙的习性。它们主要分布于热带、亚热带和温带。国内的种类多分布于西南、华南、中南、华东和华北地区。鸟类体表被羽毛覆盖，前肢边成翼，具有迅速飞翔的能力。身体内有气囊，体温高而恒定，并且具有角质喙。

始祖鸟

鸟类种类繁多，分布全球，生态多样。目前全世界为人所知的鸟类一共有 8000 多种，光中国就记录有 1100 多种，其中不乏中国特有鸟种。大约有 120～130 种鸟已绝种。与其他陆生脊椎动物相比，鸟是一个拥有很多独特生理特点的种类。现今已知鸟类分为两个亚纲，即古鸟亚纲和今鸟亚纲。

古鸟亚纲以始祖鸟为代表。

今鸟亚纲包括白垩纪以来的一些化石鸟类以及现存鸟类。

化石鸟类以黄昏鸟目和鱼鸟目为代表，它们的骨骼近似现代鸟类，但上、下颌具槽生齿。

现在鸟类可分为 3 个总目。平胸总目，包括一类善走而不能飞的鸟，如鸵鸟。企鹅总目，包括一类善游泳和潜水而不能飞的鸟，如企鹅。突胸总目，包括两翼发达能飞的鸟，绝大多数鸟类属于这个总目。

平胸总目

这类鸟为现存体型最大

非洲鸵鸟

的鸟类（体重大者达 135 千克，体高 2.5 米），适于奔走生活。它们具有一系列原始特征：翼退化、没有胸骨、龙骨突起，没有尾综骨及尾脂腺，羽毛均匀分布（无羽区及裸区之分）、羽枝没有羽小钩（因而不形成羽片），雄鸟具发达的交配器官，足趾适应奔走生活而趋于减少 2～3 趾。它们分布限在南半球（非洲、南美洲和澳洲南部）。

平胸总目的著名代表为鸵鸟或称非洲鸵鸟，其他代表尚有美洲鸵鸟及鸸鹋（或称澳洲鸵鸟）。此外在新西兰尚有几维鸟。

企鹅总目

潜水生活的中、大型鸟类，具有一系列适应潜水生活的特征。前肢鳍状，适于划水。它们具鳞片状羽毛（羽轴短而宽，羽片狭窄），均匀分布于体表。尾短、腿短而移至躯体后方，趾间具蹼，适应游泳生活。在陆上行走时躯体近于直立，左右摇摆。皮下脂肪发达，有利于在寒冷地区及水中保持体温。骨骼沉重而不充气。胸骨具有发达的龙骨突起，这与前肢划水有关。游泳快速，有人称为"水下飞行"。它们的分布限在南半球。

企鹅总目的代表为王企鹅。

王企鹅

突胸总目

突胸总目包括现存鸟类的绝大多数，分布遍及全球，总计约 35 个目，8500 种以上。它们共同的特征是：翼发达，善于飞翔，胸骨具龙骨突起。最后 4～6 枚尾椎骨愈合成一块尾综骨，具充气性骨骼；正羽发达，构成羽片，体表有羽区、裸区之分。雄鸟绝大多数均不具交配器官。

爬行类动物概说

爬行动物是第一批真正摆脱对水的依赖而真正征服陆地的脊椎动物，它们可以适应各种不同的陆地生活环境。爬行动物也是统治陆地时间最长的动物，其主宰地球的中生代也是整个地球生物史上最引人注目的时代。那个时代，爬行动物不仅是陆地上的绝对统治者，还统治着海洋和天空，地球上没有任何一类其他生物有过如此辉煌的历史。现在虽然已经不再是爬行动物的时代，大多数爬行动物的类群已经灭绝，只有少数幸存下来，但是就种类来说，爬行动物仍然是非常繁盛的一群，其种类仅次于鸟类而排在陆地脊椎动物的第二位。

爬行动物现在到底有多少种很难说清，不同的统计数字可能相差千种，新的种类还在不断被鉴定出来。大体来说，爬行动物现在应该接近 8000 种。由于摆脱了对水的依赖，爬行动物的分布受温度影响较大而受湿度影响较少，现存的爬行动物大多数分布于热带、亚热带地区，在温带和寒带地区则很少，只有少数种类可到达北极圈附近或分布于高山上。而在热带地区，无论湿润地区还是较干燥地区，种类都很丰富。

爬行动物传统上根据头骨上颞颥孔的数目和位置分成四大类。这种分类不一定正确反映彼此的亲缘关系，但是使用起来比较方便，所以虽然现在新的划分方案很多，但是这种传统的分类仍然常被使用。头骨上没有颞颥孔的划分成无孔亚纲，代表爬行动物的原始类型；头骨每侧有一个下位的颞颥孔的划分为下孔亚纲，是向着哺乳动物演化的爬行动物；头骨每侧有一个上位的颞颥孔的划分为调孔亚纲，是海洋爬行动物；头骨每侧有两个颞颥孔的划分为双孔亚纲，是主干爬行动物，并演化出了鸟类。双孔亚纲又进一步划分为较原始的鳞龙下纲和进步的初龙下纲（或总目）。现存的爬行动物除了龟鳖类属于无孔亚纲，鳄类属于初龙下纲外，其余成员均属于鳞龙下纲。现存的爬行动物中龟鳖类划分成龟鳖目，鳄类划分成鳄目，而鳞龙下纲的分目有两种意见，一种意见是分成喙头目和有鳞目，有鳞目进一步划分成蜥蜴、蚓蜥和蛇 3 个亚目，而蜥蜴亚目和蛇亚目再各自划分成几个下目或超科，另一种意见是蜥蜴、蚓蜥和蛇各升级为一个独立的目，三者再合成一个有鳞总目，其中蜥蜴和蛇下属的下目或超科则升级为亚目。现存的爬行动物的分科也有不同意见，有些科被另一些专家划分成几个不同的科，还有些科归入哪个亚目也有争议，而这些目、科的拉丁文名称甚至各家都有不同的写法。

1. 无孔亚纲。最原始的爬行动物，出现于石炭纪晚期，现仅存龟鳖类。

2. 杯龙目。最原始的爬行动物，接近于两栖动物，其中有些原本置于杯龙类的成员现已移入两栖动物。

3. 中龙目。原始的水生爬行动物，主要生活于二叠纪。

4. 龟鳖目。古老而特化的爬行动物，与其他爬行动物的关系尚不明确。其中有两个亚目从中生代一直延续到现代，与其祖先类型没有太大的变化。

杯龙目

盘龙目

5. 侧颈龟亚目。颈部侧向折回壳内，现主要为南半球的淡水龟类。史前分布较广泛，我国有化石。

6. 曲颈龟亚目。包括现存的大多数龟鳖类，分布广泛，陆地、淡水和海洋中均能见到。

7. 下孔亚纲。即似哺乳爬行动物，是哺乳动物的祖先，生活于古生代晚期和中生代。

8. 盘龙目。早期的似哺乳爬行动物，是出现于石炭纪晚期的第一批爬行动物之一,灭绝于二叠纪。

9. 兽孔目。进步的似哺乳爬行动物,出现并繁盛于二叠纪,于三叠纪进化成哺乳动物,只有少数残存到三叠纪之后。其中晚期的进步类型与哺乳动物没有什么差别。

10. 调孔亚纲。主要是海洋中的爬行动物,出现于三叠纪早期,是双孔类的后裔,常被并入双孔亚纲,在白垩纪晚期全部灭绝。

鱼龙目

11. 鳍龙目。包括幻龙、蛇颈龙、盾齿龙等。

12. 鱼龙目。高度适应海洋生活的爬行动物,体型似鱼。

13. 双孔亚纲鳞龙下纲。较原始的主干爬行动物,是出现于石炭纪晚期的第一批爬行动物之一,也是现代最繁盛的爬行动物,包括现存爬行动物的绝大多数成员。

14. 始鳄目。早期的鳞龙类,是其他双孔类的祖先,也是生存历史最长的爬行动物,在新生代早期尚延续了一段时间,也有人将最早的和最完整的类型置于新的目。

15. 喙头目。原始的鳞龙类,绝大多数生存于中生代,仅有楔齿蜥残存到现代,是现存最原始的爬行动物。

16. 蜥蜴目。现代爬行动物中最大的一类,多达 4000 余种,分布遍及世界各地,形态多样。

17. 鬣蜥亚目。典型的成员背上有鬣鳞,略似楔齿蜥,均四肢完整,不少种类

壁虎亚目

可以变换身体的颜色，并包括一些相貌最独特的蜥蜴。主要分布于热带、亚热带地区，树栖、陆栖或水栖。

18. 壁虎亚目。包括四肢健全的壁虎和四肢退化的鳞脚蜥等，通常眼睛比较大，眼睑不能活动。

19. 石龙子亚目。蜥蜴中的最大一类，多有典型的蜥蜴体型，但也有些四肢退化。

20. 蛇蜥亚目。现存种类不多，具有一些与蛇接近的特征，有可能是蛇类的祖先类型，有人将其与石龙子亚目合并，也有人将其进一步划分成两个亚目。蛇蜥亚目包括现存惟一有毒的蜥蜴，现存最大的蜥蜴和生活于海洋中的史前最大的蜥蜴——沧龙。

21. 蚓蜥目。穴居的神秘的爬行动物，以前曾并入蜥蜴类，在世界上分布广泛，多数无足，少数有前肢，可分为 1～5 科，其中 1/3 的种仅从单一的标本得知。

22. 蛇目。数量仅次于蜥蜴的爬行动物第二大类群，其分布甚至比蜥蜴更广泛，除了各种陆地环境外，还遍及印度洋、太平洋的温暖海域。

23. 盲蛇亚目。穴居的小型原始蛇类，分布于世界各温暖地区。

24. 原蛇亚目。大中型的原始蛇类，多分布于热带地区，集中分布在亚洲南部到大洋洲一带，种类不多，有些类群分类争议较大。

25. 新蛇亚目。包括现存的全部毒蛇和大多数无毒蛇。

26. 双孔亚纲初龙下纲。进步的主干爬行动物，鸟类的祖先，拥有进步的运动方式和 4 个室的心脏，出现于三叠纪，为中生代的统治者和最引人注目的古生物，但是中生代结束后只有少数鳄目成员残存下来。

27. 槽齿目。初龙下纲最原始的成员，仅生存于三叠

翼龙目

纪，非常多样化，可能是其他各类初龙，由于过于庞杂，现槽齿类常分散成不同的类群。

28. 翼龙目。飞行的爬行动物，生存于三叠纪至白垩纪，有原始的喙嘴龙和进步的翼手龙两个亚目，包括历史上最大的飞行动物。

29. 蜥臀目。恐龙的两个目之一，生存于三叠纪至白垩纪，有 2~3 亚目，包括历史上最大的陆地植食动物和陆地肉食动物。

30. 鸟臀目。恐龙的两个目之一，生存于三叠纪至白垩纪，有 5 个亚目，包括一些相貌比较独特的恐龙。

31. 鳄形目。水栖的初龙，生存于三叠纪至现代，包括 3~4 个亚目，多数于中生代结束时灭绝，现存仅真鳄亚目 Eusuchia 的 1~3 个科。

爬行动物的祖先

爬行类动物最早的祖先可能就是蜥蜴，然而具有讽刺意义的是，作为蜥蜴的子孙后代，蛇家族在通常情况下都以蜥蜴为食。

科学家曾在澳大利亚布里斯班亚艾萨山附近发现了保存完好的蛇骨化石，其长度大约有 5.5 米，著名的《自然》杂志对它的特征进行了详细描述。科学家将其命名为"天蛇"，该名词来源于澳大利亚土著，在一些神话传说中土著人将洪水等自然灾害的发生归咎于"天蛇"，此物与天上的彩虹关系密切。

由于巨型蛇骨易碎、很难完整保存，因此在以往相当长的时间内，有关蛇的起源曾是困惑科学家们很久的问题，昆士兰州大学的古生物学家杰克·盖隆认为这一完整蛇骨化石的发现有助于科学家了解蛇是由蜥蜴进化而来，及其进化发展过程。蛇家族远在冈瓦纳大陆时期的古地中海（现在是各自独立的澳洲、南极洲、非洲以及南美洲）就存在，至今已经数千万年。

科学家指出，远古时期的蛇有着相对坚固并不灵活的咽喉，而不像现代蛇咽喉部结构非常松散可以张大嘴吞下比它们身体大几倍的动物。

鸟类的起源

古鸟亚纲的始祖鸟是最古老的鸟类，其化石非常稀少，至今只发现了 7 块。始祖鸟的第一块化石公布于 1861 年，只有一根羽毛；第二块化石也公布于 1861 年，基本完整；第三块化石发现于 1877 年，是最完整的一块化石，也就是书上常常见到的那块，这块化石曾被认为是另外一种鸟，命名为原鸟，后被认为就是始祖鸟；第四块化石发现于 1956 年；第五块化石发现于 1855 年，原被误认为翼龙，1970 年更正为始祖鸟；第六块化石发现于 1951 年，原被误认为小型兽脚类恐龙，1973 年更正为始祖鸟；第七块化石发现于 1987 年。

鸟类是怎样演化来的？这是科学上的一个难题。因为鸟类的骨骼脆弱，又是在天空飞的，形成化石的机会很少，所以关于鸟类起源的化石资料也不多。目前，世界上只发现少量的原始鸟类的化石。这几种原始鸟类化石都是在德国的巴伐利亚州的石灰岩层中发现的，距现在已有 1.5 亿年了，这些化石被证明为始祖鸟。这些化石上有清晰的羽毛印痕，而且分为初级和次级飞羽，还有尾羽。它的前肢特化成飞行的翅膀，后足有 4 个趾，三前一后；锁骨愈合成叉骨，耻骨向后伸长。这些特征都与现代鸟类相似。但奇怪的是，它的嘴里长着牙齿，翅膀尖上长着 3 个指爪；掌骨和跖骨都是分离的，还有一条由许多节分离的尾椎骨构成的长尾巴，这些特点又和爬行类极为相似。经研究证明，它是爬行类向鸟类过渡的中间阶段的代表，所以被称为"始祖鸟"。

据测定，始祖鸟最小飞行速度是每秒 7.6 米，它可以鼓翼飞行，但不能持久。始祖鸟是怎样从地栖生活转变为飞翔生活的呢？关于这个问题，有两种说法。一种认为，原始鸟类在树上攀援，逐渐过渡到短距离滑翔，进一步变为飞翔。另一种认为，原始鸟类是双足奔跑动物，靠前肢网捕小型动物为食，前肢在助跑过程中发展成翅膀。始祖鸟虽然仅仅发现在化石里，但它为鸟类的起源提供了证据，被认作鸟类的祖先。过去，人们一直认为，鸟类最初是由爬行动物逐步进化而成的。始祖鸟作为这一进化过程的中间阶段的产

物，历来被人们当做鸟类的祖先。尽管这一进化理论似乎有一定道理，但是许多古生物专家对蜥蜴这样的爬行动物会不会因突然变异和自然选择而变成鸟这一结论，仍多少持有怀疑的态度。于是，在学术界内，专家们针对鸟类的问题，展开了一场旷日持久的争论。

在达尔文的《物种起源》一书刚刚问世的时代，人们对于鸟类最早由爬行动物进化而来的说法，无论如何也是不能理解的。后来到了 1861 年，在德国境内的一处石灰岩石采石场中，考古人员发现了一块奇特的生物化石。这块化石残留有翅膀，嘴里有牙齿，翅膀前端有爪，并有着像蜥蜴一样的由多节尾椎骨组成的长尾。这块被称为"始祖鸟"的化石的发现，使许多考古学家和古生物学家为之振奋不已。因为不少人坚持的"鸟类是由蜥蜴进化而来"的这一观点，在这里找到了依据。

但是，在今天，这一已被人们广泛接受的观点突然失去其权威性了。因为在 1986 年，美国的考古学家在德克萨斯州发现了一种比始祖鸟还古老 7500 万年的鸟类化石。并给它定名为"原始鸟"，鸟类的祖先这一"宝座"因而将被原始鸟夺走。古生物学家指出，如果事实上是这样的话，那么鸟类是由爬行动物进化而来的这一观点也将被否定。

为了理解发现原始鸟的重大意义，我们有必要以始祖鸟的化石为基础，看看鸟类的进化过程。关于始祖鸟的起源，英国博物馆的庞夫雷特指出，以往人们认为是鸟类祖先的某一爬行动物群体，实际上并不是蜥蜴。始祖鸟是由恐龙家庭的某一"成员"进化而来的，始祖鸟与恐龙既是"远亲"，又是"近邻"，它们都起源于槽齿类。不可否认，始祖鸟与一种被称作虚骨龙的小型恐龙，在骨骼上确有非常相似之处。因此早在上一个世纪，就有一些古生物认为，鸟类的祖先是这个群系的恐龙。

现在的鸟类是恐龙的后代这种说法虽然让人觉得难以接受，但如果能把鸟儿与恐龙比较一下，我们就会获得更多的信心。

从外貌来看，现在许多鸟儿都与恐龙有些相像。恐龙中有一种叫鹦鹉嘴龙，它的嘴与会学说人话的鹦鹉的嘴十分相似。鸵鸟龙的脚和鸵鸟的脚一样，也有三个脚趾头，善于走路。鸵鸟龙没有牙齿，鸵鸟也没有。鸭嘴龙的嘴活像鸭子嘴，鸭嘴龙游水也像鸭子戏水。鸟类有毛，生活在 1.8 亿年前的联龙也是全身长毛。鸟类的骨骼是中空的，这样可以减轻体重，便于飞翔。早期的一些恐龙的骨骼也是中空的，科学家把这种恐龙称为虚骨龙类。虚骨龙轻巧机灵，外貌和身体结构很像鸟。

在探索鸟类起源的过程中，争论的焦点之一是锁骨问题。鸟类的左右锁骨相互粘连，是 V 字形愈合锁骨，十分发达。而恐龙的锁骨则因退化而完全消失了。对此，持"鸟类起源于恐龙"的观点者认为，恐龙类和鸟类都来源于槽齿类，只是在后来的进化中它

鹦鹉嘴龙

们的锁骨才发生了不同变化，不能凭这一点就说恐龙不是鸟类的祖先。

可是，当上述观点提出来以后，有的科学家又发现了一些带有锁骨的虚骨类恐龙，经过化石分析后表明，始祖鸟与虚骨龙的骨骼有明显的共同之处，但是其中的许多特征是槽齿类生物所不具备的。这样一来，又推翻了以前关于恐龙与鸟类都起源于槽齿类的观点。

后来，当原始鸟的化石被发现以后，持有不同观点的专家学者们纷纷转移视线，试图从原始鸟的身上找回新的理论突破。古生物学家经过分析原始鸟的化石后，惊奇地发现，原始鸟与始祖鸟相比，具有许多更接近鸟类的特征。

首先，原始鸟类具有始祖鸟无法比拟的胸骨和龙骨突起特征，而且非常大。更为重要的是它还生有一种叫"奇怪"的肩骨，这是由于撑起羽毛的肌肉沿肩骨通过，因而一般鸟类的肩骨都很大。在这一特征上，原始鸟与现代鸟十分相似。其次，原始鸟的骨骼也是中空的，并且具有与飞翔有关的骨骼特征。

另外，原始鸟除残留有普通鸟类所具有的一些特征外，还残存着一些爬行类动物所具有的特征。例如其尾巴很长，有与脊椎牢牢相连的坐骨，似爬行类动物等。

从以上事实中不难发现，鸟类的起源时间还要往原始鸟以前探究。原始鸟的发现，将有可能否定在此之前的鸟类起源于恐龙的观点。原始鸟化石的发现无疑为探究鸟类的起源提供了新的资料，但对于鸟类祖先究竟是谁，科学家仍无法取得一致意见，只有发现了更古老的鸟类化石后才能作最后结论。

鸟类的特征

鸟的主要特征是：它们大多数飞翔生活。体表被覆羽毛，一般前肢变成翼（有的种类翼退化），骨多孔隙，内充气体；心脏有两心房和两心室；体温恒定；呼吸器官除具肺外，还有由肺壁凸出而形成的气囊，用来帮助肺进行双重呼吸；卵生。

鸟是两足、恒温、卵生的脊椎动物，身披羽毛，前肢演化成翅膀，有坚硬的喙。鸟的体型大小不一，既有很小的蜂鸟，也有巨大的鸵鸟和鸸鹋（产于澳洲的一种体型大而不会飞的鸟）。

鸟的食物多种多样，包括花蜜、种子、昆虫、鱼、腐肉或其他同类。大多数鸟是日间活动，也有一些鸟（例如猫头鹰）是夜间或者黄昏的时候活动。许多鸟都会进行长距离迁徙以寻找最佳栖息地（例如北极燕鸥），也有一些鸟大部分时间都在海上度过（例如信天翁）。

大多数鸟类都会飞行，少数平胸类鸟不会飞，特别是生活在岛上的鸟，基本上已失去了飞行的能力。不能飞的鸟主要包括企鹅、鸵鸟、几维（一种新西兰产的无翼鸟）以及绝种的渡渡鸟。当人类或其他的哺乳动物侵入到他们的栖息地时，这些不能飞的鸟类将更容易遭受灭绝，例如大的海雀和新西兰的恐鸟。

鸟类的进化史

鸟类是由古爬行类进化而来的一支适应飞翔生活的高等脊椎动物。它们的形态结构除许多同爬行类外，也有很多不同之处。这些不同之处一方面是在爬行类的基础上有了较大的发展，具有一系列比爬行类高级的进步性特征。如有高而恒定的体温，完善的双循环体系，发达的神经系统和感觉器官以及与此联系的各种复杂行为等；另一方面，为适应飞翔生活而又有较多的特化，如体呈流线型，体表被羽毛覆盖，前肢进化成翼，骨骼坚固、轻便，具气囊和肺。气囊是供应鸟类在飞行时有足够氧气的构造、气囊的收缩和扩张跟翼的动作协调。两翼举起，气囊扩张，外界空气一部分进入肺里进行气体交换。另外大部分空气迅速地经过肺直接进入气囊，未进行气体交换，气囊就把大量含氧多的空气暂时贮存起来。两翼下垂，气囊收缩，气囊里的空气经过肺再一次进行气体交换，最后排出体外。这样，鸟类每呼吸一次，空气在肺里进行两次气体交换。可见，气囊没有气体交换的作用，它的功能是贮存空气，协助肺完成呼吸作用。气囊还有减轻身体比重，散发热量，调节体温等作用。这一系列的进化，使鸟类具有很强的飞翔能力，能进行特殊的飞行运动。

在较高等的脊椎动物中，鸟类——鸟纲是研究得最为充分、最容易观察到的动物。鸟类有8600种，几乎遍布全球，其数目远远超过所有其他脊椎动物。鸟类见于森林、沙漠、山区、草原和所有海洋上。其中有四种曾到过北极，在南极有人曾见过一种，即一个贼鸥。有些鸟住在全黑的洞里，由回响定位寻找它们的路，有些则潜水深达45米多去捕获水生食物。鸟类一个特有的特征将其分别于所有其他动物，即有羽毛。除了羽毛外，所有鸟都有前肢并变化成翼，虽然不一定用于飞行；它们都有后肢适于步行、游泳或栖息，都具角质喙，全为卵生。大概这种构造上、功用上的巨大统一性就是鸟类进化成飞行机器的缘由。

这个事实大大限制了鸟类的多样

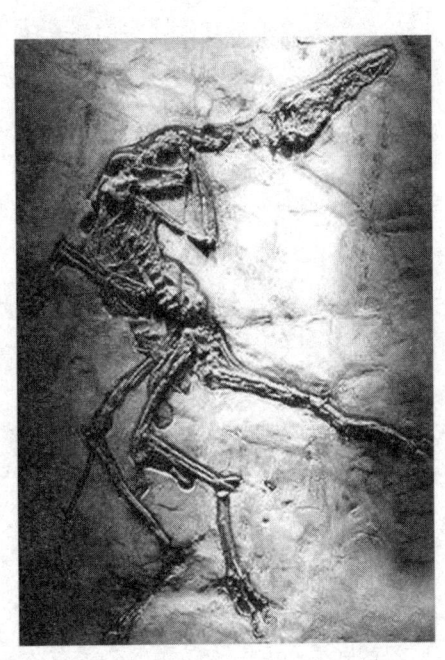

中华龙鸟

性，这在其他脊椎动物纲中是更明显的。例如鸟类并不向着它们的温血演化同类——哺乳动物内所见到的变异方向上发展。在哺乳动物内包含着各种不同的类型如鲸、豪猪、蝙蝠和长颈鹿。鸟类与哺乳类在动物界中都有最高级的器官系统的发展。但一只鸟的全部解剖结构是围绕着飞行以及如何完善飞行而设计的。当然，一个鸟必须有翅膀供支持和推动，呼吸系统必须有惊人的能力来应付强烈飞行的代谢要求，并供调节温度设计来维持恒定的体温。鸟类还需要有又快又有效的消化能力去加工富有能量的食物，它也需要高度的代谢率和一个高压的循环系统。

孔子鸟的发现

孔子鸟因孔子而得名。孔子是我国古代思想家、教育家，"圣贤"是历代封建王朝赠与孔子的封号。

孔子鸟的形态与德国的始祖鸟有许多相近的特征，例如，头骨没有完全愈合，肱骨比桡骨长，手上长有三个带爪的指，等等。

孔子鸟的个体与鸡的大小相近，上下颌没有牙齿，有一个发育的角质喙嘴；它的脊椎骨退化，胸骨发育，尾巴很短。从进化角度来看，孔子鸟的形态特征比始祖鸟显得进步，生活时代也应该比始祖鸟晚。不过孔子鸟的研究者、中国科学院古脊椎动物与古人类研究所的侯连海研究员当初认为，孔子鸟的形态与上中农近似，它们的时代也大致相当，即都是距今大约 1 亿 4 千万年前的侏罗纪晚期。

从此古生物界鸟类研究热的序幕被拉开了。1993 年在辽西发现了年代仅次于始祖鸟的更早的化石，这就是后来著名的孔子鸟。它们大约生活在侏罗纪晚期到白垩纪早期这一阶段。从 1994 年后古生物学家们云集辽西，数以万计的鸟类化石源源不断地被发掘出来，全世界古生物学界几乎都把目光投向了这里，鸟类研究进入到一个全盛时期。著名鸟类学家 A. Feduccia 教授称："尤其是来自中华人民共和国的新材料……构成了我们认识早期鸟类的基础。"许多美国学者甚至认为世界现生鸟类很可能起源于中国。和以往一样最热门的孔子鸟较始祖鸟稍晚（极有可能是同一时期的）。其特点是颌骨无牙齿，取而代之的是角质喙；肱骨近端有一大的气囊孔，第一指骨爪特别强大而尖利，第二指骨爪收缩；胸骨较大，呈片状并有一短的后侧突；耻骨远端没有耻骨脚尾椎骨缩短，基本形成尾综骨等，这些都是始祖鸟所没有的进步性状，同时也是区别于早白垩纪鸟类的重要特征。孔子鸟的发现一方面更进一步证实始祖鸟非鸟类进化主流，另一方面打破了它独霸侏罗纪多年一统天下的局面，使得人们的研究更全面和充分了。

鸡的基因组

　　鸡与人类同属温血动物，是发育生物学、肿瘤生物学、免疫学、病毒学等学科的主要模式生物。鸡类还具有高度遗传变异性，其基因家族扩展和收缩的方式多种多样，变异率大大高于哺乳动物，与世界上变异率最高的小鼠亚种不相上下。正是这一特质，使得鸡家族人丁兴旺，当今世界上共有鸡类近300种。

　　此外，鸡的基因组比哺乳动物的紧凑得多，它拥有20万到23万个基因，但仅有10亿个DNA碱基，而同样多的基因人类需要30亿个碱基。鸡的基因数量与哺乳动物的相当，但它的基因组含有重复的"垃圾"DNA的数量很少。这一现象与其大量生长的重复元素（LINE）CR1反转录酶的高度特异性密切相关。这一特点使鸡种间和鸡种内的变异程度相当接近，从而为不同鸡种基因的比较提供了方便。

　　被用来破解基因的那只母鸡"RJF256"是一种生长于山林的野生红原鸡，由美国密歇根州立大学的科学家杰里·道奇森教授选定。

野生红原鸡

野生红原鸡几万年前的祖先是现代所有家鸡的老祖宗，而且从未经历家养和驯化，因此它的基因组序列相对较原始易于破解，只要读懂它的生命语言，也就能看清当今各类家鸡的进化过程。

这只代号为"RJF256"的鸡当时仅有两岁半，在战胜了另外两名候选者后被选中。自从它被科学家相中后，就过起了相当舒适的生活，独住一个鸡舍，衣食无忧，但成为明星的它也有自己的苦恼，除了被媒体频频曝光外，每6周还必须被抽一次血，以便让科学家进行细致研究。现在，这只红原母鸡已经七岁半了，相当于人类的60多岁，即将退休。不过，它这一生对人类的贡献可不小，可谓是功德圆满。

在研究过程中，基因小组采用了先进的"全基因组鸟枪法测序法"。该法也被称为"霰弹法"，是由大名鼎鼎的美国塞莱拉遗传公司创始人克雷格·文特尔发明的，被誉为20世纪最伟大的生物技术发明之一。

"鸟枪法"可将基因组化整为零，把一条复杂的DNA长链分割成小的基因片断进行测序，然后再通过高速计算机对这些切片进行排序和组装，重新组装成一个完整的基因组。"鸟枪法"大大简化了DNA片断的测试过程，同时也能将基因快速、高效地进行高精度组装，所以大大加快了鸡基因组的破解工作。

短短2年内，多国科学家用此法破解了大约10亿个碱基对，绘制出了"RJF256"的母鸡的基因组序列草图。科学家还以此为基础，绘制了3种家鸡（肉鸡、蛋鸡、乌鸡）的基因组序列。研究小组通过家鸡与红原鸡基因组框架图的比较，发现了280多万个单核苷酸碱基变异位点，并以此为根据绘制了鸡基因图谱和遗传差异图。研究表明，鸡类变异位点的密度为每千个碱基5个变异位点，是人的变异率的6~7倍，是大猩猩变异率的3倍。这些变异位点大部分产生于被人类驯化之前，约1万年左右。也就是说，并非不同的饲养方式造就了现代肉鸡或蛋鸡，它们之间的差异完全是自然进化的结果。

科学家确定：人类和鸡在约3.1亿年前拥有共同祖先。

把鸡和人类基因组图对比后，研究人员发现，两者至少有7000万对碱基序列在两个物种间具有相同或相似功能，基因组大小差异主要表现在重复序列、假基因和片断重复上。鸡和人类基因组的同位体现象，表现在较长片断的同源性上，两个物种都表现出较高程度染色体内的重复和较低程度的染色体间的交换。

人类基因组与鸡基因组 DNA 序列有 2.5% 可以排列起来，通过对基因踪迹的寻查，科学家确定在 3.1 亿年以前，人类与鸡有着共同祖先，之后才分道扬镳，走上各自的进化道路。尽管这听起来有些不可思议，但人和鸡在基因组上确有相似性。鸡类遗传信息的破解，为人类最终搞清楚自己的遗传和进化开辟了一条捷径。

科学家还在研究中得出了一些出人意料的结果，他们发现控制鸡生成角蛋白的基因与预想的不同。角蛋白是构成人类的头发、指甲以及鸟类喙和羽毛的主要成分，科学家一直认为，哺乳动物和鸟类的角蛋白来源相同。但鸡基因图谱显示，鸡的角蛋白基因与哺乳动物的区别很大，科学家由此推测，角蛋白可能独立进化了两次。此外，科学家还发现，鸡似乎的确有味觉，原鸡身上有 200 多个基因与已知的嗅觉基因类似。

2002 年，华盛顿大学在美国国立卫生研究院的资助下启动了红原鸡基因组测序计划。2003 年 3 月，在英国剑桥举行的国际协调会议上，中国科学家提出了同步进行家鸡基因组研究的设想。

该设想得到了与会科学家的一致支持，随后，来自全世界 12 个国家 49 个研究所的 175 名科学家合作进行这项研究。中国科学家凭借自身在基因组学领域的优势，率先构建了鸡基因组框架图的主体部分，并在绘制红原鸡基因组序列框架图的基础上，通过 3 种家鸡基因组序列与红原鸡基因组框架图的比较，绘制出《鸡基因组多态图谱》。

中国科学家在绘制过程中承担了近 1/4 的工作，在家鸡基因组研究中，完成了所有研究工作。这也是中国科学家继人类基因组"中国卷"、水稻基因图谱之后，又一次绘制出的主要经济物种的基因图谱，在国际学术界引起了强烈反响。

鸡基因图谱的绘制具有非常重要的社会和经济效益。

有关专家指出，无论对基础科学还是应用科学，鸡基因图谱的绘制都具有深远的意义。地球上的高等脊椎动物包括人类在内的哺乳动物和鸟类两大类群。

此次研究成果搭起一座低等脊椎动物和人类高等哺乳动物之间的桥梁，为人类生物学的系统性科学研究提供了可借鉴的生物模式。此外，通过对人

类基因组与鸡等其他生物的基因组比较，我们可以更深入理解人类基因的结构和功能，进而开发治疗疾病的新手段。

　　研究人员还表示，鸡基因组研究的突破，还有利于人类掌握不同种类鸡之间的基因变异规律，这对于培育优质鸡种、改善食品安全、控制禽流感病毒的蔓延也具有重要意义。

禽流感

　　禽流感是禽流行性感冒的简称，它是一种由甲型流感病毒的一种亚型（也称禽流感病毒）引起的传染性疾病，被国际兽疫局定为甲类传染病，又称真性鸡瘟或欧洲鸡瘟。按病原体类型的不同，禽流感可分为高致病性、低致病性和非致病性禽流感三大类。非致病性禽流感不会引起明显症状，仅使染病的禽鸟体内产生病毒抗体。低致病性禽流感可使禽类出现轻度呼吸道症状，食量减少，产蛋量下降，出现零星死亡。高致病性禽流感最为严重，发病率和死亡率均高，人感染高致病性禽流感死亡率约是 60%，家禽鸡感染的死亡率几乎是 100%，无一幸免。

鳄鱼概说

　　鳄鱼，属脊椎类两栖爬行动物，其性情大都凶猛暴戾，喜食鱼类和蛙类等小动物，甚至噬杀人畜。据记载，世界上现存的鳄鱼类共有 20 余种，我国的扬子鳄、泰国的湾鳄以及逻罗鳄等都是较有名的品种。我国目前最大的鳄鱼养殖基地是广州市番禺养殖场，该场占地面积近 70 公顷，拥有湾鳄、逻罗鳄、扬子鳄、南美短吻鳄等鳄鱼近 10 万条。

　　鳄鱼除少数生活在温带地区外，大多生活在热带亚热带地区的河流、湖泊和多水的沼泽，也有的生活在靠近海岸的浅滩中。它脸长、嘴长，有所谓"世上之王，莫如鳄鱼"之说。鳄鱼富有观赏价值，还具多种药用保健功效，也是名贵食用佳肴。由于它全身是宝，因此，世界上一些国家积极发展鳄鱼养殖业。

鳄鱼是鳄形目鳄科的一种，又称湾鳄或海鳄，分布于东南亚沿海直到澳大利亚北部。其全长 6～7 米，最长达 10 米，是现存最大的爬行动物。湾鳄生活在海湾里或远渡大海。在淡水江河边的林荫丘陵营巢，它们用尾巴扫出一个 7～8 米的平台，台上建有直径 3 米的安放鳄卵的巢，

鳄 鱼

巢距河约 4 米，以树叶丛荫构成，每巢有白色硬壳卵 50 枚左右，大小约 80×55 毫米；母鳄鱼守候在巢侧，时时甩尾巴洒水湿巢，保持 30℃～33℃温度，75～90 天孵化；雏鳄出壳长 240 毫米，一年可长到 480 毫米，3 年可达 1156 毫米，重 5.2 千克。

鳄鱼凶猛不驯。成年鳄鱼经常在水下，只有眼鼻露出水面。它们耳目灵敏，受惊立即下沉。午后多浮水晒日，夜间目光明亮。幼鳄则带红光。鳄鱼 5～6 月交配，连续数小时，而受精仅 1～2 分钟；7～8 月产卵；雄鳄独占领域，驱斗闯入者，一雄率拥群雌。鳄鱼常食鱼、蛙、虾、蟹，也吃小鳄、龟、鳖，咀嚼力强，能碎裂硬甲。

中国汉代始知南方有鳄，唐宋迭有记载，明清以来偶见于沿海岛屿。俗话说"鳄鱼的眼泪"，其实倒真是不假。鳄鱼真的会流眼泪，只不过那并不是因为它伤心，而是它在排泄体内多余的盐分。鳄鱼肾脏的排泄功能很不完善，体内多余的盐分，要靠一种特殊的盐腺来排泄。鳄鱼的盐腺正好位于眼睛附近。除鳄鱼外，海龟、海蛇、海蜥和一些海鸟身上，也都有类似的盐腺。盐腺使这些动物能将海水中多余的盐分去掉，从而得到淡水。所以，盐腺是它们天然的"海水淡化器"。

知识点

扬子鳄

扬子鳄或称作鼍，是中国特有的一种鳄鱼，是世界上体型最细小的鳄鱼品种之一。它既是古老的，又是现在生存数量非常稀少、世界上濒临灭绝的爬行动物。在扬子鳄身上，至今还可以找到早先恐龙类爬行动物的许多特征。所以，人们称扬子鳄为"活化石"。因此，扬子鳄对于人们研究古代爬行动物的兴衰和研究古地质学和生物的进化，都有重要意义。我国已经把扬子鳄列为国家一类保护动物，严禁捕杀。为了使这种珍贵动物的种族能够延续下去，我国还在安徽、浙江等地建立了扬子鳄自然保护区和人工养殖场。

哺乳类动物和人类的进化

BURULEI DONGWU HE RENLEI DE JINHUA

　　本章内容着重讲述了哺乳类动物和人类的进化。哺乳类动物是一种恒温、脊椎动物，身体有毛发，大部分都是胎生，并借助乳腺哺育后代。哺乳动物是动物发展史上最高级的阶段，也是与人类关系最密切的一个类群。

　　人类是地球上一种相比较来说高智慧的生物，可以说是地球至今的统治者。《现代汉语词典》对人的解释是："能制造工具、并能熟练使用工具进行劳动的高等动物。"

哺乳动物概说

　　哺乳类动物是一种恒温的脊椎动物，身体有毛发，大部分都是胎生，并以乳汁哺育后代。

　　哺乳动物是动物发展史上最高级的动物，也是与人类关系最密切的一个类群。

　　哺乳动物具备了许多独特特征，因而在进化过程中获得了极大的成功。

　　最重要的特征是：智力和感觉能力的进一步发展；繁殖效率的提高；获得食物及处理食物的能力增强；体表有毛、胎生；哺乳动物身体表面有毛，一般分头、颈、躯干、四肢和尾5个部分；用肺呼吸；体温恒定，是恒温动

物；脑较大而发达。哺乳和胎生是哺乳动物最显著的特征。胚胎在母体里发育，母兽直接产出胎儿。母兽都有乳腺，能分泌乳汁哺育仔兽。这一切涉及身体各部分结构的改变，包括脑容量的增大和新脑皮的出现，视觉和嗅觉的高度发展，听觉比其他脊椎动物有更大的特化；牙齿和消化系统的特化有利于食物的有效利用；四肢的特化增强了活动能力，有助于获得食物和逃避敌害；呼吸、循环系统的完善和独特的毛被覆盖体表有助于维持其恒定的体温，从而保证它们在广阔的环境条件下生存；胎生、哺乳等特有特征，保证其后代有更高的成活率及一些种类的复杂社群行为的发展。

哺乳动物的皮肤致密，结构完善，有着重要的保护作用，有良好的抗透水性、控制体温及敏锐的感觉功能。为适应多变的外界条件，其皮肤的质地、颜色、气味、温度等能与环境条件相协调。

哺乳动物生殖系统的主要特征是：雌性动物的两个卵巢都有机能，卵在输卵管内受精，胚胎在子宫内充满液体的羊膜囊中发育，胚胎发育所需营养来自母体胎盘血液。

哺乳动物的骨骼系统发达，支持、保护和运动的功能完善。其主要由中轴骨骼和附肢骨骼两大部分组成。其结构和功能上主要的特点是：头骨有较大的特化，具2个枕骨踝，下颌由单一齿骨构成，牙齿异型；脊柱分区明显，结构坚实而灵活，颈椎7枚；四肢下移至腹面，将躯体撑起，适应陆上快速运动。

哺乳动物的消化系统包括消化管和消化腺。在结构和功能上表现出的主要特点是，消化管分化程度高，出现了口腔消化，消化能力得到显著提高。与之相关联的是消化腺十分发达。

哺乳动物的角是头部表皮及真皮特化的产物。表皮产生角质角，如牛、羊的角质鞘及犀的表皮角，真皮形成骨质角，如鹿角。哺乳类的角可分为洞角、实角、叉角羚角、长颈鹿角、表皮角等5种类型。

洞角，由骨心和角质鞘组成，角质鞘即习称之为角，成双着生于额骨上，终生不更换，有不断增长的趋势。洞角为牛科动物所特有。

实角，为分叉的骨质角，无角鞘。新生角在骨心上有嫩皮，通称为茸角，如鹿茸。角长成后，茸皮逐渐老化、脱落，最后仅保留分叉的骨质角，如鹿角。鹿角每年周期性脱落和重新生长，这是鹿科动物的特征。除少数两性具角如驯鹿，或不具角如麝、獐之外，一般仅雄性具角。

叉角羚角，是介于洞角与鹿角之间的一种角型。骨心不分叉而角鞘具小叉，分叉的角鞘上有融合的毛，毛状角鞘在每年生殖期后脱换，骨心不脱落。这种角型为雄性叉角羚所特有，而雌性叉角羚仅有短小的角心而无角鞘。

长颈鹿角，由皮肤和骨所构成，骨心上的皮肤与身体其他部分的皮肤几乎没有差别。

表皮角，完全由表皮角质层的毛状角质纤维所组成，无骨质成分，为犀科所特有。角的着生位置特殊，在鼻骨正中，双角种类的两角呈前后排列，前角生于鼻部，后角生长在额部。

叉角羚

哺乳动物的爪、甲和蹄均属皮肤的衍生物，是指（趾）端表皮角质层的变形物，只是形状功能不同。爪，为多数哺乳类所具有，从事挖掘活动的种类爪特别发达。食肉类的爪十分锐利，如猫科动物的爪锐利且能伸缩，是有效的捕食武器。甲，实质为扁平的爪，是灵长类所特有。

哺乳动物的循环系统包括血液、心脏、血管及淋巴系统。其显著特征是在维持快速循环方面十分突出，以保证有足够的氧气和养料来维持体温的恒定。

哺乳动物的神经系统高度发达，主要表现在大脑和小脑体积增大，发展了新脑皮，脑表面形成了复杂皱褶（沟和回），大大增加了新脑皮的表面积。

哺乳动物神经系统高度发达，尤其大脑变得更加复杂，爬行动物出现的新脑皮被哺乳动物高度发展，形成高级神经活动中枢。神经元数量大增，两大脑半球之间出现了互相连接的横向神经纤维，即胼胝体。而且小脑发达，首次出现小脑半球。哺乳动物大脑皮层空前发达，这为运算、逻辑提供了必要的基础。这在哺乳动物之前的所有动物是不具备的。

哺乳动物靠高度发达的感官来发现食物，躲避敌害，以及寻找合适的栖息环境，同时也是种类间通信联系和一系列行为反应不可分的器官。当然，并非所有的类群感官都达到高度发展的水平，有些种类在许多方面处于退化状态，而在某一方面却高度特化。如哺乳类中视力退化的某些种类，快速运动时，还发展了特殊的高、低频声波脉冲系统，借听觉和声波回音来定位，蝙蝠即以高频声波回声定位，海豚以高频及低频两种水内声波回声定位。

哺乳动物的感官高度发达，主要体现在它们的视觉、听觉和嗅觉构造的完善。

蓝　鲸

蓝鲸亦称"剃刀鲸"，是地球上最大与最重的动物，属于哺乳纲、鲸目、鳁鲸科。蓝鲸分布广泛，从北极到南极的海洋中都有生存。蓝鲸的身躯瘦长，背部是青灰色的，不过在水中看起来有时颜色会比较淡。

目前已知蓝鲸至少有三个亚种：生活在北大西洋和北太平洋的 B. m. musculus；栖息在南冰洋的 B. m. intermedia 与印度洋和南太平洋的 B. m. brevicauda（也称侏儒蓝鲸）。在印度洋发现的 B. m. indica 则可能是另一个亚种。与其他须鲸一样，蓝鲸主要以小型的甲壳类（例如磷虾）与小型鱼类为食。

人类的起源

人类是从哪里来的？从人类也具有体温恒定、胎生、哺乳等哺乳动物的基本特征来看，人类与哺乳动物有较近的亲缘关系。而在哺乳动物中，则要数类人猿与人最为相似了。人跟类人猿的相似，表明了人跟类人猿有较近的亲缘关系。

化石和地质上的材料，证明了人和类人猿都是由森林古猿进化来的。森林古猿原来在茂密的森林里过着树栖的生活。后来部分地区的气候变得非常干燥、寒冷，那里的森林减少了。这些地区的森林古猿被迫下地生活，开始学会两足直立行走，并逐渐学会了制造和使用简单的工具。在劳动中，大脑得到了发展，并且产生了语言和意识。这样，就使人在生物进化过程中脱颖而出，成为能够制造和使用工具、能够改造自然的人类社会的人。而在赤道附近，森林没有发生什么变化，那里的森林古猿仍然过着树栖生活，逐渐发展成为现代的类人猿。

森林古猿

人类起源的各个阶段是：森林古猿是人和现代类人猿的共同祖先；从森林古猿分化出来的拉玛古猿是人类最早的祖先；南方古猿是形成中的人类；早期人类叫直立人，后期人类叫智人。

类人猿进化

报刊上不时有浑身长毛的"毛人"的报道，毛人实际上是人的一种返祖现象，是生物进化的可靠证据之一，为人们研究人类的起源和医学提供了生动的素材。我国的科学工作者，在这方面进行了大量的考察和研究，并且积累了丰富的材料。

毛发是哺乳动物的特征之一。身体各部分毛发的长短、多少、质地和颜色等，都随着动物、人的进化而不断发生变化，人类由古猿进化而来。

古猿全身披毛，而现代人只在身体的局部残存一些毛发。但是人在胚胎

发育过程中，却重演了祖先全身被毛的性状。从古猿进化到人以后，人不再依靠体毛保温了，而代之以披覆物（由树叶、兽皮演变到衣服）保温，于是，人体上的毛发，就随着人的进化而由多到少，由长到短。人类中偶尔出现返祖现象的"毛人"，正好说明人类是由满身长毛的祖先古猿进化来的。

大约450万年前，人和猿开始分化，产生腊玛古猿。以后由腊玛古猿演化成200万年前的南方古猿，进一步再发展为现代人类。关于人类的发展过程，一般将其划分为4个阶段：

1. 早期猿人阶段。大约生存在300万～150万年前，已具备人类基本特点，能直立行走，制造简单的砾石工具。

2. 晚期猿人阶段。大约距今200万～30万年前，身体像人，脑量较大，可以制造较进步的旧石器，并开始使用火，如我国北京周口店的北京猿人。

3. 早期智人（古人）阶段。距今10万～20万年到5万年前，逐渐脱离猿的特征，而和现代人很接近，如德国的尼安德特人。

4. 晚期智人（新人）阶段。大约4万～5万年前，这时人类的进化出现了明显的加速，在形态上已非常像现代人，在文化上，已有雕刻与绘画的艺术，并出现装饰物。如1933年发现的周口店龙骨山山顶洞人。此时原始宗教已经产生，已进入母系社会。在晚期智人阶段，现代人开始分化和形成，并分布到世界各地。

人类的进化历程

人是有文化的动物，这是众所周知的。可是"文化"的定义是什么？就众说纷纭了，有的说："文化是复杂的现象，包括人类的知识、信仰、艺术、道德、法律、风俗以及创造人类社会的能力和习惯。"也有人简括地说："文化是人类由生活经验所获得的智慧。"人文地理学是研究人类文化在地面上表现出来的现象，人类的文化活动千头万绪，五花八门，而其在地面上表现出来的现象，也就错综复杂，头绪纷乱了。简单地说起来，人类的文化活动，大致可分为语言文字、宗教信仰、物质文明、社会组织和生活方式。以上的各种文化活动，性质不同，演进的方式也不一样。语言文字的传播和学习，

并不十分困难，欧洲不少国家的人民，会说几种话，也会用两三种文字，宗

教信仰，也可更改变换，物质文明的衣食住行，更是日新月异。其中最不易改变的，要算是社会组织和生活方式了，这也是地球表面上最显著的地域差异性，也是人文地理学上最应着力的研究课题。

人类的文明史，开始于文字的

刻有图案符号文字的兽甲骨

发明，在时间上最早不过七八千年，这几千年只占人类史的百分之一而已。人类文化的发展，从人文地理学的研究方面讲，有以下 3 种共识。

第一，人类文化的发展，不是突然的，而是人类在生存竞争中学到许多经验，逐渐积累而流传下来的。换句话说，有史时代的许多文化，都渊源于史前时代的人类活动。举例来说，中国的历史有 5000 年，可是我们知道中国史前时代，就有许多不同的民族，散居各地，如北京人、蓝田人，他们的年代距今约有四五十万年，中国有史时代的文化，与史前人类活动是分不开的。

第二，各种人类的文化，因为环境的变迁、时代的更换，进退不一。史前有许多强盛的民族，早已灭亡，人类史上，也就没有独霸一方的民族。人文学家公认人类的身体、智力和道德，根本是相同的。如果有理想的环境，任何民族都可逐步推进，创造高尚的文化。

第三，人类有共同进取的合作力量，可是也有互相残杀的卑劣天性。据人类学家的研究，除了蚂蚁和老鼠以外，大部分生物都没有自相残杀的现象，而人类却残酷成性，个人之间杀戮不够，还会结合亲族，进行械斗，甚至国家之间，建立攻守同盟，造成大规模的战争。人类文化应该是相互提携，合作进展，为何会互相残杀呢？有位学者曾加以分析：人类是柔弱动物，从小

要父母保护，成年后也无自卫力量，体力不够，指甲不硬，牙齿又受口小的限制，不会爬树，也不会飞，可是从经验中，他知道团结就是力量，只有成群结队，才有生存希望，人类对家族、乡团、国家有热烈的忠心，就是这个原因。可是集团防卫，还不保险，更要利用脑力，制造武器，因此养成残酷杀戮的本领。有了杀人的武器，个人可以放胆劫杀，集团可以横行天下。人类历史的演进，体力越来越弱，而杀人武器却愈来愈凶，人弱器利，互为因果。更加上种族、语言、宗教的分歧，以及民族主义和交通的发展，使人类的战争，越来越残酷。不过有识之士和开明的人都相信，人类要和平共处、互相合作，才有光明的前途。

人们得到人类来源的真正答案，只是100多年的事。因为化石提供了事实根据，化石是古代生物遗留下来的部分遗体或活动的痕迹。找到人类骨骼化石和石器，可以了解古代人类的体质、智力和用具的发展水平。由化石发现的地点，可以知道古人类的地理分布及其所处的地质时代和生活环境。在各种化石中，头骨化石是最重要的。一般动物的面颅比脑颅大得多；人类则相反，脑颅要比面颅大得多。原始人和现代人比较，差别可以说主要就集中在头骨上，如原始人的头盖骨比现代人厚得多。正因为研究人类的头骨化石最能了解古人类的形态特点和体质发展水平，因而人类学工作者，对于寻找完整的人头骨化石特别重视。完整人头骨化石的发现，被认为是人类学研究中的一项重大成就。100多年以前，科学家已经注意到用人类化石为证据，来探讨人类进化的历史。

第四纪时代出现了人类的祖先。最初亚非大陆温暖湿润，古猿在这种环境中演变成能制造工具和进行劳动的人类。劳动使肢骨发达，双手更能创造万物，口腔发展了语言，也就推动了脑的发达。人类始祖直立猿人的出现，与别的哺乳动物尚用四肢爬行不能用手更无语言迥然不同，人类因而变成支配世界的主人。

按人类的体质和其文化发展的顺序，可分为"猿人"、"古人"和"新人"阶段。近数十年来，世界上屡屡发现人类化石，人类科学家因此可了解人类体质特征和文化发展。可是仍有不少疑问，如猿人变古人的过程如何，古人变成新人的过程又如何？目前的发现尚没有足够的资料可作圆满的解说，这需要更多发现的事实继续补充。

　　世界上常发现的人类化石，几乎都是"古人"或是"新人"（也称"真人"），其中最著名并为科学界所公认的是 1865 年在德国发现的尼安特人属于"古人"，1868 年在法国发现的克罗马尼翁人属于"新人"。因此一般人就认为人类的祖先只有十几万年的历史。直到 1929 年，中国在周口店发现了北京猿人的第一个头盖骨，从而使人们相信人类的祖先 40 万年以前就有了。

　　大约在二三百万年内的第四纪地球史上，出现了直立猿人。因此有人称第四纪为"灵生代"，因为这是人类的时代。同时第四纪也大大改变了自然环境，尤其明显地改变了动植物界。其次，第四纪有强大的冰川作用，并在地球表面，留下了很多痕迹。冰川的进退也影响了动植物的分布。地面上突然冰期来临，靠采取果实生活的猿人，在冰天雪地中无处觅食，常为饥饿所迫，不得不剥兽皮，以作衣服；寻觅洞穴，找栖息之地；钻木取火，可煮食也可驱逐野兽。人类经过数度冰期的淘汰，智力逐渐进步。远古人类的文化遗物，主要是一些自制的工具，这些工具基本上是石制的。古老时期的原始人类没有生产经验，所以石制工具简单而粗陋。但在实践过程中他们制作工具的技能不断改进，所以说劳动是创造文化的原动力。石器又可分为旧石器时代和新石器时代。旧石器时代的人们大都是猎人和采集者。他们使用的工具多是河床圆砾，初用打制法，后用磨制法。到了冰期终结时，就开始了新石器时代。这时期完全用磨制的方法来制造石器，多凿有孔眼及环形的石器，种类繁多，有大斧、石刀、石凿等。这时期的陶器已很发达，农业工具也已开始，并有了原始的畜牧业。新石器时代结束后，大约公元前 4000～前 1000 年，人类进入金属文化。先是铜器时代，到了公元前 2000 年就进入铁器时代，已开始用铁作犁了。铜器时代和铁器时代是交替而不是截然分开的。

　　古代的人类，究竟发源于何处？这是争议多年的问题。有的说是起源于亚洲中部，像著名的考古学家安德鲁斯和地理学家泰勒，就认为人类起源于亚洲中部，然后移向各洲。其理由是，中亚是人类牧养的家畜，如骆驼、犬、牛、羊、马等的起源地。既然适于高等动物的生存，依动植物为生的人类，也必发源于此。同时，中亚位置为各大洲之中，地势也最高。世界其他各洲平均海拔高度均在 700 米以下，独亚洲大陆海拔平均在 1000 米以上，居高临下，可与各洲相连。故谓人类起源于中亚，分散在各洲，其势最顺，其理至当。可是也有人认为人类的起源应在副热带潮湿之区，对农业起源研究卓著

生命的进化
SHENGMINGDEJINHUA

的索尔教授就认为东南亚沿海地区，可能是人类最先发迹的地方。像泰国的考古发现及最近中国杭州湾河姆渡遗迹的发现可以佐证。这类讨论，尚需更多的地下发现，才能有完满的解释。

我们所了解的原始祖先，人数不多，疏落分散在一片土地上，以后人口增加，就向四周迁移发展。就地理学和考古学的知识，地球表面有许多海峡，阻断大陆间的交通。可是假如海平面降低90米，许多海峡就可变成陆桥，便利人类的交往。最著名的陆桥，包括沟通北美和亚洲的白令海峡，沟通英国和欧洲的多佛海峡，沟通亚洲和欧洲的达达尼尔海峡和沟通马来西亚与苏门答腊的马六甲海峡。其他的还有沟通欧洲和非洲的西西里海峡，沟通朝鲜和日本的对马海峡，沟通苏门答腊和爪哇的巽他海峡，沟通新几内亚和澳洲的托雷斯海峡以及沟通南部澳洲和塔斯马尼亚的巴斯海峡。假如在第四纪，此类海峡在冰期后退，海平面降低而成为陆桥，使陆地相连，则有利于人类祖先的四方迁移。这是无可置疑的。人类祖先经过陆桥向各方移动而扩大了分布范围。由于地面上各处自然环境不同，温度、雨量、阳光等的差异，又随着人类社会和人类本身体型的发展，分化出了现在世界上各色各样的人种。如黑色素有吸收紫外线的功能，可以保护皮下的血管、神经和肌肉免受紫外线的直接侵袭。长期居住在非洲赤道的人种变成黑种人，他们头发鬈曲、覆盖头部，有隔热作用。而长期居住在高纬寒冷地区的人群，鼻子高而狭窄，使冷空气较慢进入气管和肺部。他们的体型比热带居民要粗壮，肤色也较热带的人浅白。古代人类，交通不易，受到自然环境的束缚，各个人群长期生活在各个隔离的地理区域内，在体质上形成了各不相同的适应性的特征。这些特征，代代遗传，以致人类在地面上分衍成各种有明显体质差异的种族。

南方古猿

南方古猿属于灵长目人科。人科不同于猿科的一个重要特征，它是灵长类中惟一能两足直立行走的动物。最早的南方古猿化石是1924年在南非开普省的汤恩采石场发现的，它是一个古猿幼儿的头骨。达特教授对化石进行了研究。他发现：这个头骨很像猿，但又带有不少人的性状；脑容量虽小，但是它比黑猩猩的脑更像人；从头骨底部枕骨大孔的位置判断，已能直立行走。于是，他在1925年发表了一篇文章，提出汤恩幼儿是位于猿与人之间的类型，并定名为南方古猿。这在当时的人类学界引起了激烈的争论，因为那时的大多数人类学家都认为发达的大脑才是人的标志。

随后，在南非以及非洲的其他地区，人类学家又发现数以百计的猿人化石。经多方面的研究，直到20世纪60年代以后，人类学界才逐渐一致肯定南方古猿是人类进化系统上最初阶段的化石，在分类学上归入人科。

南方古猿生活在距今100～420多万年前。他们可以分成两个主要类型：纤细型和粗壮型。最初，一些人还认为这两种类型之间的差异属于男女性别上的差异。纤细型又称非洲南猿，身高在1.2米左右，颅骨比较光滑，没有矢状突起，眉弓明显突出，面骨比较小。粗壮型又叫粗壮南猿或鲍氏南猿，身体约1.5米，颅骨有明显的矢状脊，面骨相对较大。从他们的牙齿来看，粗壮南猿的门齿、犬齿较小，但白齿硕大（颌骨也较粗壮），说明他们是以植物性食物为主的，而纤细型的南方古猿则是杂食的。一般认为，纤细型进一步演化成了能人，而粗壮型则在距今大约100万年前灭绝了。

人类进化的研究成果

最早的人类

研究人类起源的直接证据来自化石。人类学家运用比较解剖学的方法，研究各种古猿化石和人类化石，测定它们的相对年代和绝对年代，从而确定人类化石的距今年代，将人类的演化历史大致划分为几个阶段。遗传学家则运用生物化学和分子生物学的方法，研究

南方古猿

现代人类、各种猿类及其他高等灵长类动物之间的蛋白质、脱氧核糖核酸（DNA）的差别大小和变异速度，从而计算出其各自的起源和分化年代。目前，学术界一般认为，古猿转变为人类始祖的时间在 700 万年前。

根据目前已发现的人类化石证据，南方古猿是已知最早的人类。

汤恩头骨

1924 年，在南非阿扎尼亚一个叫做汤恩的地方，那里的采石场工人采石时爆破出来一个小的头骨化石。这块汤恩头骨化石很快被送到约翰内斯堡的威特沃特斯兰德大学医学院，交给了解剖学教授达特。达特是澳大利亚人，当时刚结束在英国伦敦的医学、解剖学和人类学学业回来。采石场工人送给达特的头骨化石，包括颅骨的大部分和完整的颅内模，颌骨上保存着全套的乳齿和正在萌出的第一恒白齿，属于幼年个体（相当于现代 3~6 岁的小孩）。

达特发现，这个化石具有许多似猿的性状。比如，这个幼年个体的脑子大小像一个成年的大猩猩，大约为 500 毫升，估计成年时也不过 600 毫升左右。此外，其上下颌骨向前突出，类似猿。同时，达特注意到该化石也具有人类的性状。其牙齿很小，与人类的牙齿相近。尤其重要的是，其枕骨大孔位于颅底中央，与人类相同。枕骨大孔是头骨基部的开口，脊髓与大脑在此相连。人类由于采取两足直立行走的姿势，头平衡于脊柱的顶端，枕骨大孔便位于颅底中央；而猿的头则向前倾，枕骨大孔在颅底相对靠后的位置。汤恩头骨枕骨大孔的特征表明，它所属的个体已能直立行走。

基于这些发现，达特于 1925 年发表研究报告指出，这个化石所属的个体是似人和似猿性状的混合体，是已发现的与人的系统最相近的一种灭绝的猿。由于发现于非洲的最南部，因而汤恩头骨所属个体的种被命名为南方古猿非洲种。达特的文章发表后，受到英国解剖学界和人类学界许多权威的嘲笑。他们认为这个化石不过是一个早期猿类化石。在随后的 10 多年中，由于备受瞩目的北京猿人化石的发现，这个头骨很少再被人提起。

1936 年，在南非德兰士瓦的斯特克方丹采石场又爆破出一批化石。其中，有一个完整的头骨与汤恩头骨极为相似。此后，又在南非的克罗姆德莱、马卡潘斯盖特、斯瓦特克兰斯三处地点陆续发现了类似的化石。到 50 年代，在上述 5 个地点，总共发现了 70 多件南方古猿化石。学术界将在南非发现的南方古猿化石归为 1 个属 2 个种，即南方古猿非洲种和南方古猿粗壮种，或称纤细型南方古猿和粗壮型南方古猿，并逐渐确立了南方古猿作为早期人类祖先的地位。

这里需要指出，虽然南方古猿在名称上仍叫做古猿，但实际上已经是人科的成员。国际古生物学命名规则规定，一个种属一旦定名，就不可以随便改动其名称了。因此，古猿之称沿用至今。

东非的发现

20 世纪 50 年代后期，在非洲寻找人类化石的活动，逐渐转移到东非的埃塞俄比亚、肯尼亚和坦桑尼亚。东非的地质特点是，存在一条由南到北的大裂谷，其地表为一系列峡谷和湖泊。这个地区有几百万年以来大量火山喷发造成的火山沉积，这为同位素年代测定提供了良好材料。因而，埋藏在这些火山层中的化石的年代，可以被准确地测定出来。

1959 年 7 月 17 日，经过 30 年的寻找，古人类学家路易斯·利基及其妻子玛丽·利基，终于在坦桑尼亚的奥杜威峡谷，发现了一个粗壮型南方古猿近乎完整的头骨和一根小腿骨。头骨特别粗壮，牙床上带有硕大的臼齿。利基夫妇将这个头骨所属个体的种命名为鲍氏东非人，后又改为南方古猿鲍氏种。他们认为，鲍氏种是粗壮种的东非变体。属名的意思是"东非的人"，而 boisei 这个种名则缘于鲍伊斯。他曾支持过利基一家在东非的工作。用钾－氩法测定化石的年代，确定"东非人"生活在 175 万年前。在这次发掘中，还发现了石器和灭绝动物的被打碎的骨片（似乎是为取食营养高的骨髓而造成的）。"东非人"是否已能够制造石器，甚至狩猎动物呢？从头骨来判断，要完成这样复杂的技术操作和劳动，其脑子还是太小了。如果这些石器不是"东非人"制造的，那么又是谁制造的？

1960 年，在发现"东非人"头骨地点的附近，路易斯·利基的儿子乔纳森·利基发现了一个 10～11 岁小孩的部分头盖骨和下颌骨，不同年龄人的手骨，一根成年人的锁骨和近乎完整的足骨。1963 年，在同一地点又发现了一件头骨和附有大部分牙齿的下颌骨。这些化石的研究表明，这是一种比"东非人"更进步的人。其脑量比"东非人"几乎大出 50%，头骨的形状更为进步，牙齿比"东非人"小，生活于 178 万年前。根据达特的建议，路易斯·

利基等将其命名为"能人",作为人属的第一个早期成员。

路易斯·利基相信,那些在"东非人"的发掘中找到的石器是"能人"制造的,破骨片也是"能人"打碎的。他认为,虽然南方古猿是人类早期祖先的一部分,但只有"能人"才继续向后一阶段的人类演化,并最终产生现代人。"东非人"和东非"能人"的发现,也是两种类型的人科成员同时生活于同一地区的最早的证据。此后,在埃塞俄比亚和肯尼亚,又发现了一批"能人"化石。其中最重要的,是1972年路易斯·利基的另一个儿子理查德·利基,在肯尼亚的图尔卡纳湖东岸发现的编号为 KNM – ER1470 的头骨。

从20世纪60年代开始,在埃塞俄比亚的奥莫河谷和阿法地区的哈达尔,发现了大量的南方古猿化石。其中,1973年在哈达尔发现的构成一个膝关节的股骨下端和胫骨上端的两段骨头,已显示出具有直立行走功能。这些化石的年代为350万年前。1974年,美国古人类学家约翰松在同一地区发现了一具女人的大部分骨架,命名为"露西"。根据对她的骨盆、脊柱和膝盖骨的研究,可以肯定她是两足直立行走的,生存年代测定为340万年前。

1976年,玛丽·利基在坦桑尼亚的莱托里地区,发现了一组凝结于火山灰中的人类足迹。这组370万年前留下的足迹相当完好,对其进行的年代测定也相当可靠。根据对足弓形态和步态的分析,可以认定是直立行走时留下的。上述发现是人类两足直立行走最早的证据。

根据对哈达尔和莱托里化石的对比研究,约翰松等认为,这两个地点的标本非常相似,即都能完全两足直立行走,且都有较小的脑子和大的犬齿,故属一类,应归入一个新种——南方古猿阿法种。他们认为,阿法种的一些性状介于猿与人之间,但其似猿的性状在明显向人的方向转变。因而,阿法种既是南方古猿非洲种的祖先,又是"能人"的祖先。阿法种一方面经过南方古猿非洲种变成粗壮种和鲍氏种,最终灭绝;另一方面发展成"能人",再到直立人和智人。

到20世纪90年代初,在非洲发现的南方古猿已达5个种,即非洲种、阿法种、粗壮种、鲍氏种和埃塞俄比亚种。这五种南方古猿分别归类为前面所述的南方古猿纤细型和粗壮型。非洲种和阿法种属于纤细型。其中,阿法种年代较早,以"露西"为代表;非洲种则年代稍晚,并且只在南非有发现。

其余三个种属于粗壮型的南方古猿。埃塞俄比亚种是根据一块250万年前的下颌骨命名的。这块化石1967年发现于埃塞俄比亚南部。许多古人类学家不承认这个种，认为应将其归入鲍氏种。

90年代以后，东非的早期人类化石研究又获得了新的突破。1994年，美国古人类学家怀特等宣布，他们在埃塞俄比亚阿法盆地发现了440万年前的大量人科化石，并命名为南方古猿始祖种。以此命名所发现的化石，表示这是迄今发现的最古老的人类直接祖先。在此之后，理查德·利基的妻子梅亚维·利基，与美国古人类学家沃克，在肯尼亚图尔卡纳湖西岸，又发现了420万年前的南方古猿化石，定名为南方古猿湖畔种。由于学术界对始祖种的人科地位还有不同看法，因此通常都认为湖畔种是最早能直立行走的人科成员。

从南方古猿看人类演化

自1924年达特首次发现南方古猿化石起，至今发现的南方古猿化石已达7个种。在过去的几十年里，新的南方古猿化石的不断发现，以及对所发现的化石进行的多学科研究，使学术界对涉及早期人类起源与演化的过程有了新的理解。首先，确立了南方古猿在整个人类演化系统上的地位。近年发现的400万年前的南方古猿化石，使得南方古猿的生存年代与遗传学家通过DNA研究计算出的人猿分离时间更为接近；其次，南方古猿属内各个种，在化石特征、生存年代与后期的人属在演化上的关系等方面的特点，使得人类学家认识到，人类的演化过程比原来想象的要复杂得多。在相同的时间范围内，南方古猿的几个种同时生存，但只有一个种群向人属的方向演化，而其余的种群最终都灭绝了。这说明人类的演化是按照"树丛"的方式进行的，而不是按照传统的直线状方式进化的。这一点对于丰富生物进化理论具有十分重要的意义。南方古猿的发现与研究，加深了人类对自身起源与演化过程的了解，推动了古人类学的发展。值得一提的是，在过去的几十年里，利基家族对东非古人类的发现和研究作出了巨大的贡献。

东边的故事

学术界一般将人科分为南方古猿属、能人属、直立人属和智人属。南方古猿是目前已知最早的人科成员。那么，究竟是什么因素促使南方古猿脑子

扩大，并逐渐获得直立行走和制造工具的能力，从而向人属的方向转化的呢？

1500万年前的非洲，从西到东覆盖着茂密的森林，居住着形形色色的灵长类动物，其中包括很多种类的猴子和古猿。可是在随后的几百万年里，那里的环境发生了巨大的变化，致使生物也发生了相应的变化。当时，非洲大陆东部下面的地壳沿着红海，经过今天的埃塞俄比亚、肯尼亚、坦桑尼亚一线裂开。结果，埃塞俄比亚和肯尼亚的陆地像起泡那样地上升，形成了海拔270米以上的高地。这些高大的隆起不仅改变了非洲的地貌，也改变了非洲的气候。它破坏了以前从西到东一贯的气流，使东部成为少雨的地区，丧失了森林生存的条件。连续的森林开始断裂成一片片的小树林，形成片林、疏林和灌木丛。大约在1200万年前，持续的地质构造力量使这里的环境发生了进一步的变化，形成了一条从北到南长而弯曲的峡谷。大峡谷的存在造成了2种生物学效应：一是形成了妨碍峡谷东西两侧动物群交流的屏障；二是进一步促进了镶嵌型生态环境的发展。有的专家认为，这种东西向的屏障对于人和猿的分支进化是极为重要的，使人和猿的共同祖先的群体分成两部分。大峡谷西部的群体生活在湿润的树丛环境，最终成为现代的非洲猿类。而大峡谷东部的群体，为了适应开阔环境中的生活，发展了一套全新的技能（两足直立行走、解放上肢、开始使用和制造工具），从而经过南方古猿向人属方向转化。法国古人类学家科庞将这种演化的模式叫做"东边的故事"。

非洲还是亚洲

达尔文在1871年提出，人类的诞生地是非洲。他的理由是，与人类最相近的两种猿：大猩猩和黑猩猩都生存在非洲。当时，在非洲还没有发现早期人类化石，加之许多人认为，像人类这样高贵的万物之灵不可能起源于黑暗的非洲大陆。所以，达尔文的观点没有被普遍接受。但如前所述，自从1924年起陆续在非洲发现了多达7个种的南方古猿化石后，经过多年的争论，南方古猿已被人类学界一致归于人的系统。其形态远比亚洲的猿人（直立人）原始，年代也比后者要早。由于比南方古猿更古老的化石（如腊玛古猿等），在人类演化系统上的地位还不确定，而且目前的趋势是否定的，所以南方古猿被认为是人类发展的第一个阶段。而且，在非洲以外的地区，迄今还没有发现任何肯定是南方古猿的化石。所以，目前多数人类学家认为人类的起源地应该在非洲。

由此看来,人类起源地的问题似乎是解决了。但实际上问题远非那么简单,非洲起源说也存在不完善之处。根据现有的各方面的证据,包括化石的、分子生物学的以及古生态学的资料,一般估计人类最早应起源于约700万年前。但目前在非洲发现的人类化石最早仅为440万年前。早于这个年代的人类化石只有零星发现,并且对它们的鉴定还不确定。此外,在非洲至今还没有找到介于南方古猿属和人属之间的过渡类型。所以,现在还不能肯定非洲是人类最早起源的地方。这样,人类学界有一部分人在考虑是否还有其他的可能性。

早在19世纪后期,德国学者海克尔就曾提出,亚洲的长臂猿、猩猩与人的相似程度,大于非洲猿类与人类的相似程度。因此,人类也可能起源于亚洲,特别是中国。其理由大致有三:其一,青藏高原的隆起所造成的环境和气候的变化与东非极为相似;其二,根据古哺乳动物的研究,在过去的1000万年里,东非和东亚有许多相同的动物门类,表

北京店北京猿人遗址

明两地的古环境、古气候相当接近;其三,在中国已经发现多种古猿化石,更发掘出了丰富的直立人及其以后阶段的人类化石以及旧石器时代的文化遗迹。至于中国究竟是不是早期人类的发祥地,要解开这个谜,还有待更多的化石证据和深入的研究。

人类的生命周期

人的生命开始于受精卵。男性通常通过性交的方式使得女性受精,有时

也可以人工授精。人在生长初期称为受精卵，受精卵在女性的子宫历时 38 周经过各种生长时期，最后终于变成胚胎，再发育成胎儿。发育成胎儿后，就可以准备出生，胎儿被女性从体内娩出后第一次靠自己的器官呼吸的同时即称为婴儿。一直到成为婴儿后，人才开始受到法律保护，少数地区可能由子宫内的胎儿时期就开始保护，直至生命的结束于死亡。

哺乳动物的进化史

第一批爬行动物出现在古生代的石炭纪，这批爬行动物已经表现出了三个不同的进化方向，其中下孔类这一支向着哺乳动物的方向发展，又被称为似哺乳爬行动物。早期的下龙类为盘龙类，其中原始的蛇齿龙保留了很多的原始特征，在二叠纪早期，盘龙分化出以异齿龙为代表的肉食性的楔齿龙和植食性的基龙两支，这二者虽然食性不同，但有不少共同点，二者体型都比较大，长达 3 米。二者最重要的共同特征是背上都有巨大的"帆"。关于"帆"的作用，有人推测可能与调节体温有关。基龙类没有留下后代，楔齿龙类则进化出了进步的下孔类——兽孔类。

兽孔类　肯氏兽

早期的兽孔类与楔齿龙类非常相似，而晚期的一些进步的兽孔类则与哺乳动物几乎没有什么区别。兽孔类从早期的始巨鳄，到二叠纪晚期就迅速分化出以肉食为主的兽齿类（有些晚期种类是植食性的）和植食的缺齿类。在古生代二叠纪晚期地球上第一次物种大灭绝时，兽孔类也有不少种类灭绝，但在中生代三叠纪早期，兽孔类又繁盛起来。二叠纪晚期到三叠纪早期的兽孔类种类众多，分布广泛，而且占据从肉食到植食的不同生态位，可以说是大地的主宰。水龙兽则是世界上分布最广泛的动物，在很多大陆都

有发现，被当做是大陆漂移的证据。兽齿类以犬颌兽为代表是兽孔类中最重要的类群，是哺乳动物的祖先。兽齿类和哺乳动物一样有了牙齿的分化，并且可能已经身披毛发，是恒温动物了。三叠纪晚期到侏罗纪初期的一些兽齿类如三列齿兽类（包括我国的卞氏兽）和鼬龙类等与哺乳动物非常相似。三列齿兽是进步的植食性兽齿类，曾经被当做是哺乳动物中的多瘤齿兽，最近也有人将其列为原始哺乳动物的旁支。鼬龙是小型的肉食动物，是最进步的兽齿类，正处在爬行类和哺乳类的分界线上。三列齿兽和鼬龙等出现的太晚，当时已经有真正的哺乳动物出现了，所以它们不可能是哺乳动物的祖先，哺乳动物的祖先应该是更早期的一些兽齿类。在三叠纪时，另一类爬行动物——双孔类的初龙类兴起，初龙的兴起可能对下孔类产生了巨大的冲击，在下孔类完成了对哺乳动物的进化的时候，初龙类中进步的恐龙类已经取得了优势地位，下孔类则迅速衰落，只有少数种类残存到侏罗纪，而下孔类的后代哺乳动物，在恐龙的统治下继续生存了一亿多年，并熬过了中生代白垩纪末的大灭绝，在恐龙灭绝后重新繁盛，成为新生代的统治者。

哺乳动物最早出现在三叠纪末到侏罗纪初，最早的哺乳动物是属于原兽亚目（过去单列为始兽亚目）的卵生食虫动物，如英国和我国的摩根锥齿兽，我国的中国锥齿兽等。最近有人将这些最早的哺乳动物从哺乳纲排除出去，作为进化上的旁支。最早的哺乳动物出现后不久，兽亚目的早期成员和植食的原兽类（过去单列为异兽亚目）也开始出现。中生代的哺乳动物虽然分化成很多不同的类群，但所有这些哺乳动物都是些体型非常小的动物，在整个恐龙统治大地的 1 亿多年时间内，哺乳动物一直是不很起眼的小型动物，直到中生代结束时也没有一种体形超过兔子的大小。植食的原兽类即多瘤齿兽类是最成功的早期哺乳动物，特征和习性类似啮齿类，可能多数穴居，而一些种类可能树栖。在白垩纪的蒙古，80% 的哺乳动物都属于多瘤齿兽类，而在中生代结束的时候，多瘤齿兽类依然残存下来，直到渐新世才由于啮齿类竞争等原因而完全灭绝，其生存的时间达到 1.3 亿年之久。

早期的兽亚纲包括对齿兽目、完兽目和蜀兽目等。这些早期的兽亚目成员可能已经是胎生的哺乳动物，其繁殖习性可能类似现代的有袋类，但它们比有袋类更加原始，尚保留一些进步爬行动物的特征。其中齿兽目和完兽目代表最原始的兽亚纲成员，并入祖兽下纲。蜀兽以我国四川侏罗纪的蜀兽为

代表，是一个独特的类群，单列为阴兽下纲。兽亚目的现存代表后兽下纲（有袋类）和真兽下纲（有胎盘类）均出现于白垩纪，早期的有袋类为类似现在美洲的负鼠的小型食虫性动物，化石发现的不多，但在史前的分布远比现代广泛。最早的有袋类化石发现于北美洲，在白垩纪可能在北方大陆各地都有分布，但是后来则在北方大陆直到南北美洲再次相连后，真正的负鼠才再次进入北美洲。最早的真兽类是一些于现在的食虫目非常类似的动物，过去曾列为食虫目的一个类群，称为原真兽类。原真兽类现在已经不属于食虫目，成为一些早期真兽类的泛称，可能包括其他各类真兽的祖先。在恐龙灭绝后，真兽类在大部分地区进化迅速，到始新世就已经达到全面繁盛，陆地上再次出现仅次于大型恐龙的巨兽，并且已经开始向海洋和天空进军了。其中在海洋中产生了历史上最巨大的动物。后兽在北方大陆没落，而在大洋洲和南美洲等南方大陆则取得优势，和其他地区的真兽类平行进化。

猛犸象、鬣狗和鲸的进化

猛犸象的进化

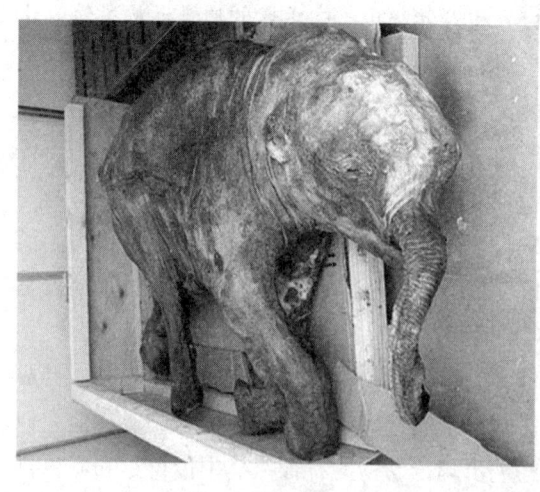

猛犸，古脊椎动物，哺乳纲，长鼻目，真象科。学名猛犸象，也称长毛象。猛犸的生活年代约1万1千年前，首次出现是480万年前，约5000年前神秘灭绝。

猛犸是鞑靼语"地下居住者"的意思，曾经是世界上最大的象。它身高体壮，有粗壮的腿，脚生四趾，头特别大，在其嘴部长出一对弯曲的大门牙。一头成熟的

猛犸象

猛犸，身长达5米，体高约3米，与亚洲象相近，门齿长1.5米左右，虽然身高不高，但身体肥硕，因而体重可达6~8吨。它身上披着黑色的细密长毛，皮很厚，具有极厚的脂肪层，厚度可达9厘米。从猛犸的身体结构来看，它具有极强的御寒能力。与现代象不同，它们并非生活在热带或亚热带，而是生活在北方严寒气候的一种古哺乳动物。大小近似现代的象，但头骨比现代的象短而高。体被棕褐色长毛。无下门齿，上门齿很长，向上、向外卷曲。白齿由许多齿板组成，齿板排列紧密，约有30片，板与板之间是发达的白垩质层。曾生存于亚、欧大陆北部及北美洲北部更新世晚期的寒冷地区。西伯利亚北部及北美的阿拉斯加半岛的冻土层中，都曾发现带有皮肉的完整个体，胃中仍保存有当地生长的冻土带的植物。我国东北、山东长岛、内蒙古、宁夏等地区也曾发现过猛犸的化石。科学家认为，地球上的猛犸是死于突如其来的冰期，使得死亡后的尸体即遭冻结，故未来得及腐烂。又由于千百年来在地穴中受到冰雪的保护掩埋，故能完整地被保存下来。在阿拉斯加和西伯利亚的冻土和冰层里，曾不止一次发现这种动物冷冻的尸体。据记载，在俄罗斯的冻土发现一具有毛、有皮的公的猛犸象的尸体，现在被保存在中国。科学家对其进行了展览，但光线、温度都有严格控制，要在−14°以下，展览柜的玻璃就要15万美元。在科学家对其进行扫描时，还在它体内发现了活的脑干细胞。

　　猛犸象曾是石器时代人类的重要狩猎对象，在欧洲的许多洞穴遗址的洞壁上，常常可以看到早期人类绘制的它的图像，这种动物一直活到几千年以前。

　　猛犸象生活在北半

猛犸象复原图

球的第四纪大冰川时期，距今300万年~1万年前。当时的人类与其同期进化，开始还能和平相处，但进化到了新人阶段，人会使用火攻，集体协同作战，捕杀成群的动物和大型的动物，猛犸象就是他们猎取的主要对象。在法国一处昔日沼泽的化石产地，人们挖掘出了猛犸象的化石。从化石的排列上可以看出：猛犸象被肢解了，四条腿骨前后相连排成一线，头骨被砸开，肋骨有缺失。根据这个现场，专家们勾画了一幅当时画面：原始人齐心协力将一头猛犸象逼进了沼泽将它陷住，大家在沼泽边用石块和长矛把象杀死。先上去几个人把象腿砍下来，搭到沼泽边，让其他人踩着象腿走到象身上，割下大块带肋骨的象肉，用长矛插着运回驻地，有人用工具砸开象头，吞食尚还温热的象脑，砍下象鼻，挖出内脏。运走了这头象可食的部分，其余的便丢弃在沼泽里。在漫长的岁月中，沼泽水枯泥干，成为干燥的土地，在偶然的机会中被发现有化石，再现了当年生物的场面。猛犸象化石出土最多的地方是在北极圈附近。阿拉斯加的爱斯基摩人用象牙化石做屋门，北冰洋沿岸俄罗斯领海中有一个小岛，岛上的猛犸象化石遍地都是。这些化石是冰块流动时从岸边泥土中带出的，堆积到了这个小岛上。由于猛犸象绝灭不过 1 万年的时间，而在自然界中化石的形成需要 2.5 万年，所以猛犸象的化石都是半化石的，像中药里的"龙骨"一样，也是可以用来做药的。

猛犸象生活到距今 1 万年的时候突然全部绝灭了，是什么原因造成的呢？专家们做过仔细的研究，找出了许多的原因，但归纳起来还是由外因和内因共同造成的。外因：气候变暖，猛犸象被迫向北方迁移，活动区域缩小了，草场植物减少了，使猛犸象得不到足够的食物，面临着饥饿的威胁；内因：生长速度缓慢。以现代象为例，从怀孕到产仔需要 22 个月，猛犸象生活在严寒地带，推测其怀孕期会更长。在人类和猛兽的追杀下，幼象的成活率极低，且被捕杀的数量越来越多，一旦它们的生殖与死亡之间的平衡遭到破坏，其数量就会不可避免的迅速减少直至绝灭。这是大自然的淘汰规律，并非对猛犸象不公平。新生代的第三纪末期时也发生过类似的情况，当时大量的原始哺乳动物绝灭了，由现代动物的祖先取代了它们，猛犸象的祖先那时代替了它们，现在该轮到它们让出地盘了。猛犸象以自己整个种群的灭亡标志了第四纪冰川时代的结束。

一直以来，对于猛犸的灭绝原因存在两种猜测：气候灭绝说和人类屠杀导致灭绝说。为了解决这一争论，美国一个考古学小组对这两种学说进行了检验。他们推断，如果是人类捕杀导致了猛犸的灭绝，那么在一个特定的区域内，猛犸的灭绝时间应该与人类进入这一地区的时间相互吻合。而如果猛犸是由于气候变化灭绝的，那么在一个特定的地区内，猛犸应该与人类同时存在，并且仅仅是在气候改变发生后才走向灭绝。

这项研究工作总共涉及了 5 个大陆的 41 个考古学遗址。研究人员发现，当人类迁徙出非洲后，在他们的栖息地留下了死亡的象和猛犸的痕迹。一个地区一旦被人类占有，那么象和猛犸的化石记录便在这一地区停止了。

在新生代中期和晚期，长鼻类动物主要沿着两条进化路线发展成为世界性分布的、曾经显赫一时的大家族。其中一条是进化主线，是经由古乳齿象进化出现在的象类，另一条则进化小分支，演化成恐象类，但早已经灭绝了。

从远古时代，其分化出很多类型的象。始祖象，和猪一般大小，没有长鼻子和长牙。后来渐渐出现了乳齿象、铲齿象、恐象，到了中新世时已经发展得十分繁盛，种类很多。历史车轮一下子就转到了第四纪时期，在此之前的象类很快绝灭了，与此同时，又出现了新的种类的象。剑齿象、古菱齿象和猛犸象是象类大家族中的典型代表。

象类在快进入近代以前分 3 类，剑齿象占领南方和热带地区，古菱齿象在中部地区，占领亚热带，再往北冰天雪地的地方，是猛犸象！猛犸与今天的大象有亲缘关系。但是，它却比今天的大象凶猛得多！成年的猛犸象体形庞大，在平原上，其他的动物对它们构成不了什么威胁。科学家们声称，猛犸会忽然去攻击任何在它看来是"威胁"的动物，而对手往往在"醒过神"来之前就被碾死，毫无疑问，猛犸象处于整个食物链的顶端。但是年幼的猛犸象需要 15 年的时间才能发育成型。因此，凶猛的捕食动物很容易伤害这些幼象。

鬣狗的进化

鬣狗科动物，外形似狗，站立时肩部高于臀部，其前半身比后半身粗壮。它们脑袋大，头骨粗壮，头长吻短，耳大且圆。它的四肢各具 4 趾（土狼前肢五趾），爪大，弯且钝，不能伸缩。它的颈肩部背面长有鬣毛，尾毛也很长。体毛稀且粗糙，有斑点或条纹。有肛门腺。多生长在热带或亚热带地区，吃兽类尸体的肉。

鬣狗犬齿、裂齿发达，咬力强，是唯一能够嚼食骨头的哺乳动物。它们

的感觉器官十分敏锐，尤其是它们的嗅觉和听觉。它们的大耳朵可接收到许多高频率的声音，对许多超声波非常敏感。鬣狗的消化能力极强，吞噬包括骨头等一切东西，拉出的粪便像石灰块，对食物的利用到了极致。

鬣　狗

常见成群鬣狗抢夺猎豹、狮子的食物。群体数量大时，可以驱赶狮群。

由于其后躯低于前躯，所以它走路和奔跑的姿势不甚优雅，可是跑起来却是相当迅速而且有耐力。它们的奔跑速度可达每小时 50 ~ 60 千米，而且能够跑很长的距离却没有倦意。

鬣狗科共 4 种：斑鬣狗、棕鬣狗、缟鬣狗、土狼。

斑鬣狗身长 95 ~ 160 厘米，尾长 25 ~ 36 厘米，重 40 ~ 86 千克，雌性个体明显大于雄性。毛色土黄或棕黄色，带有褐色斑块。短、无鬃毛；上额犬齿不发达，但下颌强大，能将 9 千克重的猎物拖走 100 米。

斑鬣狗生存于视野开阔的环境，如长有仙人掌的石砾荒漠和半荒漠草原、低矮的灌丛等。分布于非洲撒哈拉沙漠以南的较开阔地区，南至南非联邦、除热带雨林地区。斑鬣狗是鬣狗科中体型最大的一种，也是最著名和捕食性最强的一种，可以成群捕食较大的猎物，是非洲除了狮子以外最强大的肉食动物，也是非洲惟一能对抗狮群的群体。

棕鬣狗头躯干长 110 ~ 135 厘米，尾长 18.7 ~ 26.5 厘米，肩高 64 ~ 88 厘米，体重 37 ~ 47.5 千克，雄性体型较雌性略大。其有一对尖耳朵，毛长，呈深棕色，头部为灰色，颈部及肩部为黄褐色，四肢的下方为灰色，有深棕色的环纹，背上的鬃毛明显。

棕鬣狗比斑鬣狗体形小，却给人一种更强大的感觉。由于对南非干旱、半干旱地区的适应能力极强，所以在卡拉哈里沙漠中一直保持着可观的数量。

缟鬣狗体长约90～120厘米，不包括30厘米长的尾巴。体重25～55千克。脚上只有4个趾，前肢比较长，脚爪不能握紧。颚和牙齿特别强健，可以咬碎大骨头。有时群居，有时独居，白天和黑夜都可以活动。

缟鬣狗又名条纹鬣狗，产于亚洲西南部和非洲东北部，皮毛呈浅灰色或淡黄，上有垂直的褐色或黑色条纹。缟鬣狗是鬣狗科中惟一可见于非洲以外的成员，分布于非洲北部和东北部、南亚和中近东一带，是著名的食腐动物。

土狼的体长55～80厘米，尾长30厘米左右，较为温和，最喜捕食白蚁。土狼又名冠鬣狗，是鬣狗科中的弱者。土狼居住于荒地及草原。由于只在夜间活动，所以极难见到踪影。土狼在用餐后有一个非常良好的习惯，就是将长舌头拼命缩进伸出或卷曲，以清洁牙齿。许多食肉动物在威胁敌人时都要张开血口展示牙齿，但土狼却闭口不露牙齿，而是将毛竖起，以增大身体。敌害袭击时，由肛门放出臭液。

鲸的进化

鲸的体型是世界上存在的动物中最大的。祖先和牛羊一样生活在陆地上，因为对海里的食物产生了喜爱，就迁徙到了浅海湾。又过了很长一段时间，身体慢慢退化，才适应了海洋生活。

鲸，世界各海洋均有分布。它是水栖哺乳动物，用肺呼吸，其种类分为2类：须鲸类，无齿，有鲸须，鼻孔两个，像长须鲸，蓝鲸、座头鲸、灰鲸等；齿鲸类，有齿，无鲸须，鼻孔一个，像抹香鲸、独角鲸、虎鲸等。海洋中绝大部分氧气和大气中60%的氧气是浮游植物制造的。须鲸却能灭浮游植物的劲敌——浮游动物。另外，齿鲸也有助于保持鱼类的生态平衡。齿鲸的食物就是以鱼为食的大型软体动物。

鲸类是一种生活在水中

虎鲸

的哺乳动物，它具有和陆上哺乳动物相同的生理特征，例如用肺呼吸、胎生等，更具备了一些为适应水生环境所演化出的特殊生理构造。鲸在分类中属于动物界、脊索动物门、哺乳纲、鲸目。

鲸目之下又区分为2个亚目，分别是须鲸亚目和齿鲸亚目。这两大类的分群，再学术上主要是依据它们摄食方式之不同而定，须鲸亚目主要的形态特征是没有牙齿，但是有巨大的鲸须，可用来筛选浮游生物。所以为滤食性。齿鲸亚目的主要特征为有牙齿，掠食性，其牙齿的数目与排列方式受到食性的影响会有不同，全世界现存有13科约79种。

蓝鲸体长可达33米，体重190吨，相当于33头大象或300多头黄牛的体重，它的一条舌头就有4吨重。它的力气也无比巨大，有1250千瓦，能曳行588千瓦的机动船，是地球上有史以来曾出现过的最大动物。这是海的恩惠，只有在海里才能长得这么大：一来是食物丰富，蓝鲸虽体躯巨大，却以小得和它无法相比的磷虾为食。二来是水的浮力大，支撑着蓝鲸的巨大体躯。若非洲象的体重再增加，它的四肢就支撑不住了，所以不能长得太大。但在海里却不然，动物基本上处于失重状态，再大也能浮得起来。但也不能无限增大，超过一定限度，心脏和肺等器官的功能就不能满足需要了。

鲸的周身都是宝。皮可以制革，用鲸皮做的皮鞋、皮包、皮衣等质地柔软，花纹美观。鲸的皮下脂肪层很厚，可达十几至几十厘米，可以炼油、食用或作其他化工原料。

巴基斯坦古鲸

科学家认为，哺乳动物大约与恐龙差不多同时登上进化的舞台，在巨大爬行动物横行的年代里生活得不甚得意，直到一场大灭绝事件——通常认为是6500万年前一颗小行星撞上地球——毁灭了恐龙家族，才因祸得福地兴盛起来。在5000～6500万年前的第三纪，所有的哺乳动物都生活在陆地上，现代鲸类动物的祖先也不例外。由于某种原因，一些凭借四肢在大地上奔跑的动物，于5000万年前的始新世时期开始回归河流和海洋，在不足800万年的时间里，体型和生活习性都发生了巨大的改变。

巴基斯坦古鲸已经足够让科学家激动，因为它们是陆生哺乳动物与现代鲸类动物之间的过渡型，再次为进化论提供了有力的证据。不过，这些过渡型化石更加偏向于鲸那一边，要么能够水陆两栖，要么完全适应海洋生活。有两个重要的问题未能解答：鲸类动物的陆地祖先——那些只会奔跑不会游泳的最原始的鲸类动物，是什么样子？世上现存的哺乳动物中，哪一种与鲸类的亲戚关系最近？

科学家致力于更详细地鲸类动物的进化历程，不同专业的人有不同的方法。根据化石的牙齿和耳朵特征，古生物学家倾向于认为，鲸与一种生活在第三纪、现已灭绝的有蹄动物血缘最近。研究现存动物DNA特征的分子生物学家则比较偏爱河马，认为这种现代偶蹄动物才是鲸最近的亲戚。

Thewissen在英国《自然》杂志上发表报告说，他的小组新发现了两种巴基斯坦古鲸化石，它们完全是陆生的。就在第二天，Gingerich在美国《科学》杂志上报告了另两种也是在巴基斯坦挖出来的古鲸化石，长着发育良好的肢，可以水陆两栖。两人的新发现都表明，牛、河马、猪、骆驼和长颈鹿等偶蹄动物与鲸有着密切的亲缘关系。对Gingerich来说，提出这个观点也许稍微多费了一点功夫，因为他原先主张有蹄动物是鲸的近亲。

在希腊，"鲸"这个字代表海洋巨兽。

21世纪初，科学家在巴基斯坦发现了两种生活在约5000万年前的哺乳动物化石。这两种动物看起来有点像狗，体型分别只有狼和狐狸那么大，但科学家认为它却是地球上最庞大的动物——鲸的祖先。

在5000~6500万年前的第三纪早期，所有的哺乳动物都是生活在陆地上的。因此，现代的鲸、海豚等水生哺乳动物必然是由某些陆生哺乳动物进化来的。但是由于缺乏化石证据，究竟哪类哺乳动物是鲸的祖先这个问题一直悬而未决。在巴基斯坦新发现的这两种化石的解剖形态表明，这两种动物生活在陆地上，有肉食的牙齿，长得有点像狗，但并不属于犬科动物。它们的尾巴比狗更长，嘴更凶猛，眼睛也比较小。它们的耳朵部位有几块奇特的骨头，其形状与鲸类动物相同部位独有的骨头非常相像。

蝙蝠的进化

在大约 1 亿年前，蝙蝠与马、狗是同期由哺乳类祖先的一种动物分化进化而来。此前，人类一直未能解释蝙蝠的进化过程和从何进化而来。

据《日本经济新闻》报道，冈田教授领导的研究小组利用遗传基因技术，对与蝙蝠进化路线相似的其他动物进行了比较研究。研究人员以动物是否含有被称为"反转录子（retroposon）"的特殊遗产信息为标准，发现在大约 1 亿年前，蝙蝠与马、狗几乎在同一时期开始分

蝙 蝠

别走向不同进化之路，而牛在蝙蝠等动物之前就开始了其进化过程。一般认为，牛是有蹄动物，在进化系统性中与马有近缘。但是研究小组发现蝙蝠与马的关系更为相近。

1 亿年前正值恐龙的全盛时期，当时的哺乳类动物小心翼翼地生活在地球上。在这一时期，蝙蝠和马、狗从类似老鼠的哺乳类祖先动物开始分别走向进化之路。6500 万年前，在恐龙灭绝之前的新时代，他们开始改变了样子，分别进化成不同的形象。

大熊猫、马和羊的进化

大熊猫的进化

作为我国特有的国宝级动物——大熊猫在地球上生存距今已有 800 多万

年的历史，它在地球上生存的时间远
比人类早。据最新研究成果表明，大
熊猫最迟出现于晚中新世，它们的直
系祖先是始熊猫，生活在炎热潮湿的
森林里。在距今60万年前的更新世中
期，大熊猫发展到了它们种群的鼎盛
时期，它们广泛分布于中国的南部、
中部、西部，向北直达今天的河北境
内，组成了"大熊猫－剑齿象群落"。
和它同时代的动物，由于地质与气候
的强烈簸动基本上都灭绝了，如剑齿
象、剑齿虎都变成了化石，而大熊猫
能在恶劣的自然环境中生存下来，主
要因为它们在环境的变化中改变着自
己，所以才没有从生物圈的链条上消

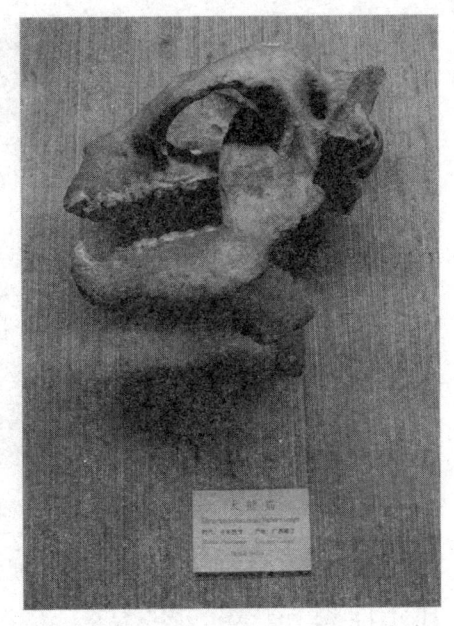

大熊猫化石

失，从而成为世界上为数不多的动物活化石。

　　在动物学上，大熊猫属食肉目。熊猫从分类上讲属于哺乳纲食肉目动物，
但食性却高度特化，成为以竹子为生的素食者。大熊猫主食竹子，也嗜爱饮
水，大多数大熊猫的家园都设在溪涧流水附近，就近便能畅饮清泉。大熊猫
性情温顺，一般不主动攻击人或其他动物。大熊猫的视觉极不发达。

　　大熊猫是世界上最珍贵的动物之一，主要分布在我国的四川、甘肃、陕
西省的个别崇山峻岭地区，数量十分稀少，属于国家一类保护动物，称为
"国宝"。它不但被世界野生动物协会选为会标，而且还常常担负"和平大
使"的任务，带着中国人民的友谊，远渡重洋，到国外攀亲结友，深受各国
人民的欢迎。大熊猫身体胖软，头圆颈粗，耳小尾短，四肢粗壮，身长约1.5
米，肩高60~70厘米左右，体重可达100~180千克。特别是那一对八字形黑
眼圈，犹如戴着一副墨镜，非常惹人喜爱。

　　大熊猫的祖先是食肉动物，现在却偏爱吃素，主要以吃箭竹为生。一只
成年的大熊猫每天要吃20千克左右的鲜竹。有时，它也会开一次"荤"，捕
抓箭竹林里的竹鼠美餐一顿，甚至大摇大摆闯入居民住宅，偷吃食物。大熊

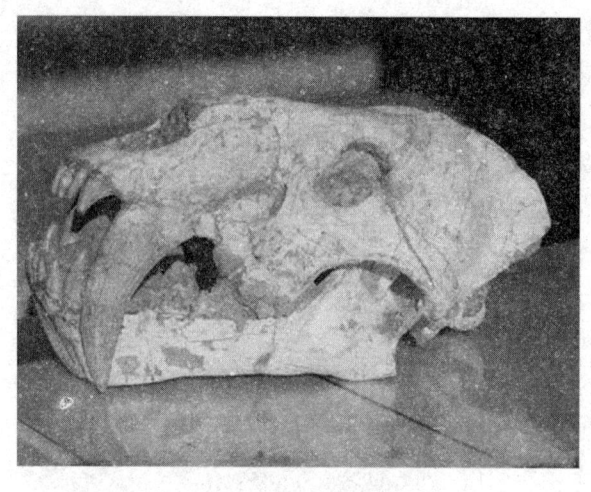

剑齿虎化石

猫性情孤僻，喜欢独居，昼伏夜出，没有固定的居住地点，常常随季节的变化而搬家。春天一般待在海拔3000米以上的高山竹林里，夏天迁到竹枝鲜嫩的阴坡处，秋天搬到2500米左右的温暖的向阳山坡上，准备度过漫长的冬天。每年的四五月份是大熊猫的繁殖季节，雄、雌大熊猫难得同居在一起。但5月一过，便又各奔东西。雌性大熊猫怀孕4～5个月左右，就急着寻找树洞或石穴作为"产房"，它每胎产1～2仔。刚生下的幼仔重量只有150克左右，相当于妈妈体重的1‰。可是，一个月后体重可达2千克，3个月就能长到五六千克。熊猫妈妈常把小熊猫搂在怀中，轻轻抚摸，外出时也把它衔在嘴里，或用背驮着，亲亲热热、形影不离。等到小熊猫五六个月大时，妈妈就开始教它爬树、游泳、洗澡和剥食竹子等本领。2年后，小熊猫才离开母亲，开始独立的生活。大熊猫的寿命一般为20～30年。

大熊猫的家族非常古老。大约在100万年前，它们遍布我国的陕西、山西和北京等地区，在云南、四川、浙江、福建、台湾等省也有它们的踪迹，现在留下来的数量很少，成为科学家研究生物进化的珍贵的"活化石"。

大熊猫的祖先是始熊猫，这是一种由拟熊类演变成的以食肉为主的最早的熊猫。始熊猫的主枝则在中国的中部和南部继续演化，其中一种在距今约300万年的更新世早期出现，体形比现在的熊猫小，从牙齿推断它已进化成为兼食竹类的杂食兽，此后这一主支向亚热带扩展，分布广泛，在华北、西北、华中、西南、华南以至越南和缅甸北部都出现了化石。在这一过程中，大熊猫适应了亚热带竹林生活，体型逐渐增大，依赖竹子为生。在距今50～70万年的更新世中、晚期是大熊猫的鼎盛时期。现在的大熊猫的臼齿发达，爪子除了5趾外还有一个"拇指"。这个"拇指"其实由一节腕骨特化形成，学名叫做"桡侧笼骨"，主要起握住竹子的作用。

大熊猫在几百万年间由盛而衰，以至濒临绝灭。究其原因，除了外界环境的恶化以外，也有自身生育繁殖能力方面的问题。

大熊猫经过漫长的历史发展而能够生存到今天，反映了它具有顽强的生命力。但是，由于受历史发展因素的不利影响，它目前已处于一种濒危状态。在各种不利因素中，其内在原因是由于食性、繁殖能力和育幼行为的高度特化。外在原因则是栖息环境受到破坏，形成互不联系的孤岛状，导致种群分割，近亲繁殖，物种退化。再加上主食竹子的周期性开花死亡，人为的捕捉猎杀，天敌危害，疾病困扰。这就构成了对大熊猫生存的严重威胁，使其面临濒危的境地。

从已经发现的化石看，在漫长的历史发展过程中，大熊猫的发展经历了始发期、成长期、鼎盛期，现在已开始进入衰败期。

经过多年的努力，大熊猫的保护工作取得了可喜的成就。大熊猫种群数量下降的趋势已基本得到控制，有的保护区的种群数量还略有增长。大熊猫种群生态学的研究成果表明，大熊猫种群生殖率大于 1 就意味着种群将继续缓慢地发展。这一研究成果激励了科学家以更大的努力，从各个方面去推动这个良性的进程。大熊猫及其栖息地保护工程的实施，对大熊猫野生种群的延续，发挥重大作用。大熊猫异地保护工程，也取得了令人鼓舞的巨大进展，饲养繁殖大熊猫的成活率已有显著的提高，由以前平均成活率的 31.8% 提高到 1998 年以后平均成活率的 67.74%。这就证明现有人工饲养的大熊猫种群是能够得到维持和发展的。大熊猫异地保护工程的实施，还有力地推动人工饲养种群数量的增长。

马的进化

马属动物起源于 6000 万年前新生代第三纪初期，其最原始祖先为原蹄兽，体格矮小，四肢均有 5 趾，中趾较发达。生活在 5800 万年前第三纪始新世初期的始新马，或称始祖马，体高约 40 厘米。前肢低，有 4 趾；后肢高，有 3 趾。牙齿简单，适于热带森林生活。进入中新世以后，干燥草原代替了湿润灌木林，马属动物的机能和结构随之发生明显变化：体格增大，四肢变长，成为单趾；牙齿变硬且趋复杂。经过渐新马、中新马和上新马等进化阶段的演化，到第四纪更新世才呈现为单蹄的扬首高躯大马。

家马是由野马驯化而来。中国是最早开始驯化马匹的国家之一。从黄河下游的山东以及江苏等地的大汶口文化时期及仰韶文化时期遗址的遗物中，都证明距今6000年左右时几个野马变种已被驯化为家畜。马的驯化晚于狗和牛。

马的进化史可以说是哺乳动物中研究的最透彻的了，所有的进化教材中都有介绍。马起源于北美洲，整个演化史也集中在北

马的祖先——原蹄兽

美洲，在美洲可以看到马的完整的演化序列，这个演化序列可以分成几个大的阶段。由于北美洲和欧亚大陆有一些联系，不同演化阶段的马都有少数成员扩展到欧亚大陆并经欧亚大陆到达非洲。

始新世早期生活于北美洲的始祖马是最原始的马，代表马进化史的第一个阶段，这个阶段的马体型很小，大约与狐狸相当，结构轻巧，四肢细长，前脚4趾，后脚3趾，牙齿不特化，为低冠丘形齿，食森林中的鲜嫩植物或杂食。这些特征在奇蹄目的其他类群的祖先类型上也能找到，说明它们离其共同的祖先相距不远。这个阶段的马到达我国的有原古马，如中华原古马，生活于始新世中期，比始祖马略微进步些。

森林中生活的三趾马是马进化史的第二个

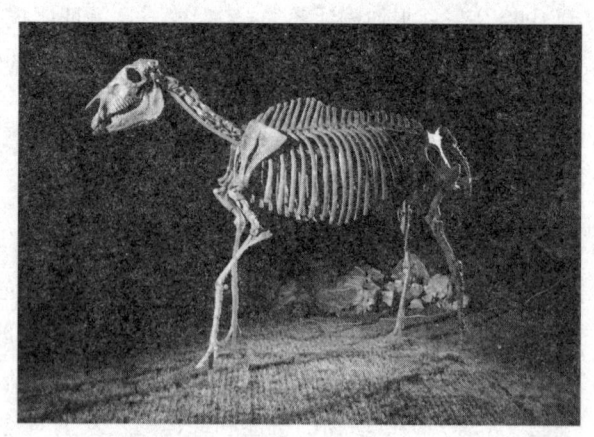

三趾马复原骨架

阶段，这些马前后脚均有 3 趾，牙齿低冠，食森林中的鲜嫩植物，体型大于始祖马，但比现代的马小很多。早期的代表是渐新世生活于北美洲的中马，大小似羊，晚期的代表如我国的中华马可延续到上新世，体型已经比较大，如小驴。

下一个阶段是生活于草原中的三趾马，这些马虽然前后脚仍然均有 3 趾，但是只以中趾着地，适于快速奔跑，牙齿高冠，食草，是典型的草原生物，它们的出现可能与草本植物开始繁盛，大地上出现大面积的草原相关。这些马早期的代表是北美洲中新世的草原古马，大小似小驴。这个阶段的马非常繁盛，种类繁多，分布广泛，其中最著名的种类是主要生活于上新世的三趾马。三趾马在欧亚非和北美洲都有分布，在欧亚非是优势物种，那时欧亚非的动物群被称作三趾马动物群，在我国三趾马的化石非常丰富。三趾马是马类进化史上的一个旁支，其惟一可能的后代是更新世可见于我国的长鼻三趾马，而与现代的真马没有亲缘关系，在更新世已经是真马统治的时代了。这个阶段的马在中美陆桥形成后还到达了南美洲，形成了南美三趾马，这是马第一次到达南美洲。

最后一个阶段的马前后脚均只有一个脚趾，体型较大，高冠齿，食草，是典型的草原动物。早期的一趾马类分布局限于北美洲，如北美洲上新世的上新马，大小如驴。后期的一趾马以真马为代表，分布广泛。真马在北美洲诞生后向两个地方发展，一支到达南美洲形成南美马类，一直到达旧大陆，旧大陆的真马在更新世比较繁盛，著名的代表有我国的三门马、云南马、北京马等。在更新世结束时，南美洲和北美洲的所有马类都全部灭绝，只有到达旧大陆的这一批真马保存了下来，这也是现存唯一的马类。直到西班牙人到达美洲以后，美洲才再次出现马类。

现存的马和不久前才灭绝的马一共有 9 种，它们可以分成马、驴

欧洲野马

和斑马三各类群。马原分布于欧亚大陆，包括泰斑马、欧洲野马、家马和普氏野马。野生的泰斑马已经于1876年灭绝，现在的家马就是它们的后代，现在泰斑马这个名字就是指的家马，现在北美和澳洲等地还有些野生的马，实际上是家马再次野化的结果。普氏马发现于1881年，恰好是欧洲野马灭绝后不久，成为轰动世界的发现，但在1947年从野外捕捉到一匹雌马后再也没有在野外发现过，现存的所有野马都是20世纪初捕捉到的十一匹野马和1947年捕捉到的雌马的后代。

驴分布于非洲和亚洲。非洲野驴是家驴的祖先，体型小，耳朵大，吃苦耐劳。非洲野驴又分为索马里野驴和努比亚野驴两个亚种，索马里野驴腿上有黑色横纹，努比亚野驴肩上有黑色横纹。真正野生的非洲野驴已经非常稀少，是濒危物种，但是有些地方可以见到再次野化的家驴，这些吃苦耐劳的动物能很好的在环境恶劣的地方生存。亚洲的野驴现在一般分为2种，产于西藏的为西藏野驴，产于亚洲其他地区的为亚洲野驴。西藏野驴体型更大高大，颜色也更深一些。亚洲的野驴体型和马比较相似，最近有些所谓发现野马的报道实际上很可能是野驴。亚洲的野驴虽然比野马和非洲野驴数量略多，但仍然属于极珍贵的动物。斑马包括现存的山斑马，普通斑马、细纹斑马和1883年灭绝的斑驴，它们都是非洲的特有动物。山斑马是斑马中最早被命名的，又称真斑马。山斑马是现存体型最小的马，肩高只有1.2米，耳朵比较大而似驴，喉部有垂肉，身上有特殊的格状花纹。山斑马分布于非洲南部的山区，目前数量稀少，其中的指名亚种可能仅存数十匹。

非洲野驴

普通斑马是现存惟一数量较多的野生马类，在非洲的很多地方都能见到，可适应草原、山地和半荒漠等不同的生存环境，在非洲迁徙的大型哺乳动物群中，往往以斑马打头阵。普通斑马分成很多不同亚种，其中指名亚种现在已经灭绝，但是有些亚种目前仍然非常繁盛，不同亚种的花纹和生存环境略有不同。细纹斑马是斑马中体型最大的一种，肩高可达 1.5米。细纹斑马身上的花纹细、多且密，可以说是斑马中最漂亮的一种。细纹斑马分布于索马里、埃塞俄比亚和肯尼亚北部，这种斑马数量尚多，但远比普通斑马少。斑驴原产于南非，最后一匹于 1883 年死于荷兰阿姆斯特丹动物园。斑驴的身上只有部分地区有条纹，

细纹斑马

看起来似乎是斑马和驴的混合。有些普通斑马的臀部也有条纹变浅或消失的现象，让人联想起已经灭绝的斑驴。

马的进化大约有以下几个趋势：体型由小变大，脑量等也变大；腿增长而脚趾数减少，适应开阔草原的奔跑生活；牙齿由低冠变成高冠，食性从食用森林中的嫩叶变成食草。马虽然是现存奇蹄目动物中种类数量最多的一类，但和整个奇蹄目一样处于衰落的状态，现在仅存 1 属 8 种。整个奇蹄目现在仅存 6 属 17 种，而在史前时期光是属就不下 150 个，可见灭绝比例之大。

羊的进化

羊属于哺乳动物纲偶蹄目牛科。羊的种类很多，人类驯化和家养的主要是山羊和绵羊。羊类，也有称为洞角类，不论雌雄通常在额顶上长有一对不分叉的角，角的外层是角质的套鞘，里面是骨质角芯。由于洞角类动物在死亡后，角的套鞘才可以从头骨上取下来，这时角的中间呈现空洞，故名"洞角"。洞角类的骨质角芯生长于真皮层，外面角质套鞘则是表皮的衍生物，与毛发同源，从不脱换，但叉角羚羊的角和鹿类的角则具有分叉和脱换性。

羊的力量发挥主要在于它质地坚硬的犄角，尤其是公羊，两角相撞，犹如两石相击。它们倚仗自己的力气，十分好斗，不仅为争夺母羊进行殊死搏斗，即使没有对手，也常莫名其妙地向树干和墙上撞击。羊类在现代和第三

绵 羊

纪晚期中，不仅是偶蹄类中，甚至整个有蹄类中最繁盛的。他们能在严酷的生存环境中存活繁衍的主要因素是适应粗食、反刍消化和高速奔跑能力。

关于山羊和绵羊的直系祖先至今还未找到确切的物证。但人类对羊的驯养已有几千年历史。盘羊因雄性角呈螺旋状盘曲而得名。头部大，所以又叫大角羊。体型粗壮，体长 1.2~1.8 米，尾长 7~15 厘米，肩高 65~125 厘米，体重可达 230 千克；雄性角长可超过 1.25 米，具明显横棱，基部周长 25 厘米，雌性角小，向后外侧弯曲，但不呈盘状；全身毛色棕灰，有些种类颈部具长毛。栖息于高原、高山或丘陵地带，善于在崎岖难行的岩石上奔跑。常由一头或少数几头成年雄羊率领雌羊或幼体结成十余只的小群活动。成年雄羊经常选择在高而突出、视野开阔的岩石上休息瞭望，视觉敏锐，能发现远处危险的来临，向群体发出警告，群羊即以极快的速度沿着陡峭的岩石逃遁。他们多在晨昏活动，冬季时常因大雪难于觅食而迁至较低的山谷，春季又返回高山。他们以草及灌木的嫩枝、叶为主要食物。秋季或初冬发情交配，雄性间常发生激烈的斗争。孕期 150~180 天，每胎产 1~2 仔。家畜中的绵羊一般估计是由盘羊驯化而来。盘羊在

盘 羊

中国已被列为保护动物。

山羊体型中等，体长
1~1.4米，尾长 8~20 厘
米，肩高65~105厘米，雄
性成体重 70~160 千克；四
肢健壮；头较长，颏下有
须，雄性的须比雌性长；雌
雄均具角，雄性角粗重，长
70~160 厘米，其横断面略
呈侧扁圆形。典型的山地动
物，呈岛状分布于各高山地
区，每一孤立的高山地区都

阿尔巴斯绒山羊

有其特化类型。本属除野生种类外，还包括家山羊。山羊生活于林线以上的
高山地带，最高可超过 5000 米。喜栖于多岩石的环境中。能以很快的速度在
陡峭的岩石山奔跑。每年进行短距离的垂直迁移。常集结成5~20只的群体，
由一群老雄羊率领，晨昏及夜间活动，白天在岩石上休息，由于体色与岩石
相近，不易被发现。以草及小灌木嫩枝为食，秋季交配，孕期约 150~180
天，春季 4~5 月份产仔 1~2 只。主要天敌为豹、狼及猛禽等。

老鼠、鸭嘴兽和犬的进化

老鼠的进化

考古学家在地中海的塞浦路斯岛发现一个哺乳动物新物种——仍然活着
的"史前"老鼠。据有关资料表示，这种老鼠与已知的其他鼠种相比，头和
耳朵更大、眼睛更加突出，并有更多"史前"牙齿。它是一个世纪来在欧洲
首次发现的新哺乳动物物种，也是欧洲仍然活着的仅有的本土啮齿动物，因
此可以被看做是一种"活化石"。

这种灰色老鼠是由英国达勒姆大学的考古学家托马斯·库基在该岛上对

石器时代老鼠化石与岛上现代鼠种进行比较研究时发现的，它被命名为"塞浦路斯鼠"。

塞浦路斯鼠

考古学家认为，这种鼠很可能是在塞浦路斯岛与欧洲大陆约 1 万年前分离之前到达岛上的，它比人类到达该岛早得多。

老鼠能适应各种恶劣环境，从炎热的赤道到酷寒的两极，都可见到这些小东西活跃的身影。甚至在原子弹爆炸的废墟上最早出现的动物也是老鼠，如 1954 年，美国在位于太平洋的比基尼岛试爆了世界第一颗氢弹以后，岛上受到严重的核污染，海面下的珊瑚礁也遭到了彻底毁灭，整个海岛一片死寂，寸草不生，动物似乎都绝迹了。但是过了一些年之后，老鼠又在这个岛上出现了，它们体内的基因发生了变异，体形变得更加强壮、巨大，适应力和繁殖能力也更强了。

在食物上，老鼠也表现出了特别强的适应能力。它们什么东西都吃——从五谷、蔬菜、植物根块，到肉类、皮骨，甚至人类的皮鞋、纽扣。饿极了的时候，它们还会用它们那坚硬锋利的牙齿啃食木头和墙壁、橡胶及其他一些无机物。即使是毒如蛇蝎，它们也照吃不误。在世界上的许多地方，都发生过群鼠与毒蛇相斗，最后咬死毒蛇、吞食蛇肉的事情。

此外，老鼠的免疫力也特别强。很多医生都知道，许多能致人及其他动物于死地的凶猛的病菌和病毒，却连老鼠的皮毛都不能伤及——这就是为什么老鼠生长在那么肮脏污浊的环境中，却很少患病的原因。

上述种种，使得有些科学家对这些小小的生物不是恐惧不已就是推崇备至，他们中甚至有人言之凿凿地惊呼：照老鼠这样的进化速度、进化方向和繁殖速度推断，也许用不了多少年人类就该"退居二线"了，未来统治世界的霸主将非这些小精灵们莫属！

鸭嘴兽的进化

鸭嘴兽是现生哺乳类中最原始而奇特的动物。它们仅分布于澳大利亚东部约克角至南澳大利亚之间，在塔斯马尼亚岛也有栖息。

鸭嘴兽

澳大利亚的单孔类哺乳动物，最奇特的要数鸭嘴兽。所谓单孔类动物，是指处于爬虫类动物与哺乳类动物中间的一种动物。它虽比爬虫类动物进步，但尚未进化到哺乳类动物。两者相同之处在于都用肺呼吸，身上长毛，且是热血；而单孔类动物又以产卵方式繁殖，因此保留了爬虫类动物的重要特性。它虽被列入哺乳类，但又没有哺乳类动物的完整特征。是最原始最低级的哺乳类，在动物分类学上叫做"原兽类"或称为单孔类卵生哺乳动物。

它是最古老而又十分原始的哺乳动物，早在2500万年前就出现了。它本身的构造，提供了哺乳动物由爬行类进化而来的许多证据。

鸭嘴兽生长在河、溪的岸边，它的大多时间都在水里，它的皮毛有油脂，能保持它身体在较冷的水中仍保持温暖。在水中游泳时它是闭着眼的，靠电信号及其触觉敏感的鸭嘴寻找在河床底的食物。它分布在澳大利亚南部及塔斯马尼亚岛，是现存最原始的哺乳动物，是形成高等哺乳动物的进化环节，在动物进化上有很大的科学研究价值。

犬的进化

犬科动物属于食肉动物目，形成于第三纪早期，其间是由消亡于中生代末期的大型爬行动物所统治。

当时，它们迅速向北美蔓延，食肉动物家族的外形发生了改变，形成小

小古猫

古猫——类似于现在的黄鼠狼样子。4 千万年前，小古猫（包括 42 个不同属的科）非常兴旺，今天只剩 14 个属存在。

犬科动物逐渐取代小古猫，产生 Hesperocyon 属，形成于大约 3500 万年前。它们的颅骨和趾骨显示其骨骼和牙齿特征与现代狼、犬和狐狸相似，表明与早期食肉动物有直接关联。到了中新世，Phlaocyon 属出现，它被认为类似于浣熊。中犬属的牙齿那时也进化得与现代犬相似。

犬科动物的体貌外形由犬齿兽、Tomarctus 和小犬兽演化而来，逐渐呈现现代狼或现代狐狸犬种的外形，有蓬松卷曲的尾巴，较长的四肢和较短的五趾（猫爪），这样可使犬跑得更快。

犬科犬属动物直到第三纪后期才出现，但似乎在渐新世早期它们消失了，而同期熊则兴旺繁衍。在中新世后期，Canis lepophagus 从北美迁徙至欧洲。尽管在大小上很接近丛林狼，但这些新到达者更像现代犬。在上新世，犬属动物向亚洲和非洲蔓延。这一时期它们显然不向南美迁移，直到更新世早期，甚至更晚才到达南美洲。

50 万年前（更新世后期），人类最后把犬属动物引入澳洲，然而还没有证据表明是否是这

澳洲野犬

些早期的犬属动物产生了澳洲野犬。

伊特鲁里亚犬出现于大约1亿~200万年前。尽管它体形较小，但被认为是欧洲狼的祖先。800万年前，伊特鲁里亚犬生活在比利牛斯山脉，似乎是现代豺（胡狼）和丛林狼的祖先。

欧洲考古遗址发现一些犬种。认为大型犬可能是像现代大丹犬一样高的大型北方狼后裔，它们很可能产生了北欧犬和大型牧羊犬；小型犬在形态学上与现代澳洲野犬相似，很可能是印度或中东小型狼的后裔。

所发现的最古老犬的骨骼大约有3万年岁月，也就是生活在克罗马努人行走在地球上以后。这些远古骨骼总是在人类遗骨旁边发现，这就是为什么称之为亲密犬科动物的原因。从逻辑上推理，家犬应该是早期野生犬属动物的后裔，其他可能的祖先包括狼、豺和丛林狼。

另外，在中国也发现远古的犬遗骨，据称在该地从未发现有豺或丛林狼存在过。这也是在中国第一次证实人类与小型狼种（豺狼变种）之间产生的联系。在他们进化前一段时期两个物种共存，似乎与狼是家犬的祖先的理论相吻合。

丛林狼

最近，下面几种发现巩固了这种假设，包括发现一些北欧犬种直接是狼的后裔，对这些犬种线粒体DNA进行比较的研究表明，这些犬与狼的同一性大于99.8%，犬与丛林狼的同一性仅为96%。此外，45个以上狼亚种已经被分类，狼种间差异性能够用于解释犬种间的差异性，最终人们明白了两个物种间的身体和语音是如此的相似，以及能够相互理解沟通的道理。

尽管我们先人使用犬的事实，还未被史前洞穴画所证实，但差不多有4万年历史的狼的印迹和骨骼遗骸，已经在欧洲人类占据区域被发现。

当人类经历从"掠食者"到"生产者"的转变时，狼被驯化了。通过最初的几次尝试，几只狼被驯服了。每次一只被驯服的狼死了，就不得不再驯服另一只狼，但这种早期的尝试标志着驯化一种动物迈出了重要的第一步，第二步是繁育控制。

狼的驯化很可能开始于亚洲的一些地方。根据在考古遗址发现的众多驯化中心，说明驯化不是一蹴而就的事。

将世界范围不同群的狼崽放在一起驯养进行过尝试，这些狼崽在它们一生中头几个月里，对人类产生不可逆的烙印。当它们拒绝野外的同类时，驯化就成功啦。狼崽天生服从群居等级制度的事实，毫无疑问使得驯化变得容易。虽然，偶尔一些被驯化的母犬会和野狼交配受孕，但狼崽大多由人类饲养，因此不大可能返祖。

不像未驯化物种，如鳄鱼，在2亿年中几乎没有进化，犬在一定时间内能适应各种气候、文化和地区。西伯利亚哈士奇犬、墨西哥冠毛犬、北京犬、大丹犬、拳师犬和达克斯猎犬，仅仅是FCI目前所制订标准的400多个犬种中的一小部分。尽管它们差异很大，但都属于犬科犬属动物。纵观家犬整个进化过程，从一个犬种到另一个犬种，我们有趣地注意到，其头、四肢和脊柱的形状都已独立进化。

西西里灵缇

石器时代后期，人类从游牧到定居的生活方式的转变，由"消费者"到"生产者"的转变，多样化就开始了。那时，犬大多属于中等体型，与现在的狐狸相似。

3000年前，两种大型犬出现在美索不达米亚——米咯斯犬用于防止捕食者熊和狼猎杀牲畜；灵缇适应奔跑和沙漠地区，成为人类必不可少的捕猎工具。

从远古起，犬已经扮演了

众多角色，广泛使用于各个领域，包括战争、食用、极地拉雪橇、神话中祭祀品。历史后期，罗马皇帝成为犬繁育的先锋，曾夸口"一千只犬的国度"，预示着犬种多样性。当时犬可能主要用于陪伴，护卫农场和牧场，帮助狩猎。

经过数个世纪，通过基因突变、选育、自然或故意柔弱化的杂交方式，犬种多样性发生了巨大变化。诸如斗牛犬最初繁育是用于纵犬咬牛的，北京犬是给中国皇帝做伴的。

中世纪，不同的犬种，按照其具有不同狩猎技巧的智能来繁育。波音达犬无需追踪，就能确定猎物位置；赛特犬和视力型嗅猎犬用于追鹿；枪鸟犬用于轰起羽毛类猎物；吠犬被描述用于追赶猎物。尽管不可能确切地把每个品种的头绪理清楚，但一些品种毫无疑问现在已经灭绝。

 知识点

南极狼为什么会灭绝

本来狼在在人们心目中就是臭名昭著，南极狼有偷食羊和家畜的习性，这样就增加了当地牧人对南极狼的厌恶。为了使自己的利益不受损害，牧人们就纷纷联合起来，开始捕杀南极狼。

1833年，英国政府对马尔维纳斯群岛的霸占更加速了南极狼的灭亡。英国人的侵入并没有使当地牧人停止对南极狼的捕杀，而是和同样对狼恨之入骨的侵略者一起组成了强大的灭狼队伍。他们用英国人带来的枪支对付南极狼。随着枪声的不断响起，所剩不多的南极狼也一个个地倒在血泊之中。到了1875年，南极狼已经被当地的牧人和英国人彻底消灭了。

可时隔不久，失去天敌的食草动物和啮齿类动物给当地带来了更大灾难。这些动物在没有天敌的情况下，迅速繁殖，数量日益增多。它们大量啃食，破坏草场，使原来丰美的草场不见了，取而代之的是大片大片的沙化土地，失去草场的牧人不得不另寻他业。

无脊椎动物的进化

WUJIZHUI DONGWU DE JINHUA

本章内容着重讲述了无脊椎动物的进化。无脊椎动物是背侧没有脊柱的动物，它们是动物的原始形式。一般来说，无脊椎动物是动物界中除原生动物界和脊椎动物亚门以外全部门类的通称，其种类数占动物总种类数的95%。分布于世界各地，现存约100余万种。无脊椎动物包括棘皮动物、软体动物、腔肠动物、节肢动物、海绵动物、线形动物等。无脊椎动物是地球上一个非常重要的生物物种，BBC主持人大卫·阿登堡爵士曾说过："如果一夜之间所有的脊椎动物从地球上消失了，世界仍会安然无恙；但如果消失的是无脊椎动物，整个陆地生态系统就会崩溃。"

无脊椎动物概说

从结构上看，最低等、最原始的无脊椎动物是原生动物，由单细胞的原生动物进化到多细胞的腔肠动物；由二胚层的腔肠动物进化到三胚层的扁形动物；线形动物出现了肛门；环节动物出现了真正的体腔；节肢动物是真正适应了陆地生活的无脊椎动物。在这个过程中，动物的结构越来越复杂，逐渐出现了组织的分化，出现了器官和系统，生活环境逐渐从水中转移到陆地。

在无脊椎动物中有一类叫做棘皮动物，海星、海参、海胆都是这一类动物。由原始的棘皮动物进化成了原始的脊椎动物。无脊椎动物是背侧没有脊柱的动物，其种类数占动物总种类数的95%。它们是动物的原始形式。

无脊椎的动物分布于世界各地。在体形上，小至原生动物，大至庞然巨物的鱿鱼。一般身体柔软，无坚硬的能附着肌肉的内

海胆化石

骨骼，但常有坚硬的外骨骼（如大部分软体动物、甲壳动物及昆虫），用以附着肌肉及保护身体。除了没有脊椎这一点外，无脊椎动物内部并没有多少共同之处。

分类依据

1. 无脊椎动物的神经系统呈索状，位于消化管的腹面；而脊椎动物为管状，位于消化管的背面。

2. 无脊椎动物的心脏位于消化管的背面；脊椎动物的心脏位于消化管的腹面。

3. 无脊椎动物无骨骼或仅有外骨骼，无真正的内骨骼和脊椎骨；脊椎动物有内骨骼和脊椎骨。

1822年拉马克将

文昌鱼

动物界分为脊椎动物和无脊椎动物两大类。1877 年德国学者 E·海克尔将柱头虫、海鞘、文昌鱼等动物与脊椎动物合称脊索动物门，与无脊椎动物的各门并列，把脊椎动物在分类系统中降为脊索动物门中的一个亚门，与半索动物亚门（柱头虫）、尾索动物亚门（海鞘）和头索动物亚门（文昌鱼）并列。上个世纪 70 年代以来半索动物已独立成门，由于后三个类群属于无脊椎动物范畴，这样无脊椎动物实际上包括了除脊椎动物亚门以外所有的动物门类，是动物学中的一个一般名称。

种类划分

无脊椎动物的种类非常庞杂，现存约一百余万种（脊椎动物约 5 万种），已绝灭的种则更多。它包括的门数因动物学的发展而不断增加。由于对动物的各个方面研究得愈加详尽，人们对其彼此间亲缘关系的认识也愈加深入，因而各门的分类地位常有更动。

现在一般把动物界分为 10 门。主要包括：原生动物门、多孔动物门、腔肠动物门、扁形动物门、线形动物门、环节动物门、软体动物门、节肢动物门、棘皮动物门。脊索动物门有：尾索、头索、脊索、脊椎动物 4 个亚门。除脊椎动物亚门外其他的便都是无脊椎动物。

水母隶属肠腔动物门

无脊椎动物多数体小，但软体动物门头足纲大王乌贼属的动物体长可达 18 米，腕长 11 米，体重约 30 吨。无脊椎动物多数水生，大部分海产，如有孔虫、放射虫、钵水母、珊瑚虫、乌贼及棘皮动物等，全部为海产。部分种类生活于淡水，如水螅、一些螺类、蚌类及淡

水虾蟹等。蜗牛、鼠妇等则生活于潮湿的陆地。而蜘蛛、多足类、昆虫则绝大多数是陆生动物。无脊椎动物大多自由生活。在水生的种类中，体小的依靠浮游生活；身体具外壳的或在水底爬行（如虾、蟹），或埋栖于水底泥沙中（如沙蚕蛤类），或固着在水中外物上（如藤壶、牡蛎等）。无脊椎动物也有不少寄生的种类，寄生于其他动物、植物体表或体内（如寄生原虫、吸虫、绦虫、棘头虫等）。有些种类如蚓蛔虫和猪蛔虫等可给人畜带来危害。

运动系统

运动系统包括身体支撑和前进两部分。

骨　骼

无脊椎动物没有脊椎动物那一根背侧起支撑作用的脊柱和狭义的骨骼。广义的骨骼包括外骨骼（起保护作用，不使水分蒸发）、内骨骼和水骨骼三种。而无脊椎动物拥有的正是这三种骨骼。

外骨骼指的是甲壳等坚硬组织，如蜗牛的壳、螃蟹的外壳、昆虫的角质层都属于外骨骼。

内骨骼存在于脊椎动物、半脊椎动物、棘皮动物和多孔动物中，在内起支撑作用。多孔动物的内骨骼并不是中胚层起源的。棘皮动物的内骨骼是由 $CaCO_3$ 和蛋白质组成的，这些化学物晶体按同一方向排列。

蜗牛的壳

水骨骼是动物体内受微压的液体（无体腔动物的扁形动物也不例外）和与之拮抗的肌肉，加上表皮及其附属的角质层的总称。无脊椎动物的主要骨

骼形式，除了上述的软体动物、棘皮动物和节肢动物外的其他无脊椎动物都拥有水骨骼。

运 动

无脊椎动物的运动方式有多种：

借助纤毛的摆动前进。

没有刚毛，没有环形肌的线形动物通过两侧纵肌的交替收缩实现的蛇行。

有刚毛有环形肌有纵肌的蚯蚓的蠕动。这是通过不同节段运动，环肌肉交替收缩实现的。

在海底沉积物中，通过膨胀身体某节来实现固定，身体的另外部分收缩前行的昆虫。

有爪动物的爬行。

昆虫的飞行（只是少数）。

排泄系统

并不是所有的无脊椎动物都有排泄器官。例如扁形动物，它们靠的是位于下表皮向内伸出的表皮突起的排泄细胞完成排泄的。而无脊椎动物常见的排泄器官则是原肾管和后肾管。

神经系统

无脊椎动物的神经系统没有脊椎动物那么复杂多样。从最原始的神经细胞，到神经细胞集合成为神经节，到后来大脑的形成。其形式由弥散的神经网到有序的神经链，到中枢和梯状神经系统的出现，也经历了一个由简单到复杂的过程。

感觉器官由刺胞动物的感觉棍（有视觉和重力觉），经过扁形动物头部神经细胞群集形成的"眼"，到昆虫的复眼和头足动物，例如乌贼的眼（是由外胚层形成的！），分辨率不断上升。这更有利于动物逃避敌害和捕食。

消化系统

刺胞动物是桶形的，口和肛门是同一个开口。其消化系统被称为胃管系统，它和扁形动物分支的肠一样，行使消化和运输功能，因为它们没有循环系统。

内寄生的线形动物已经退化，它们靠头节吸取宿主小肠内的营养。

而大部分的无脊椎动物都有贯穿身体全长的消化管道，以及与之配合的消化腺和循环系统，进行细胞外消化。消化管道通常有口、咽、食道（有如蚯蚓者，它还有膨大的嗉囊）、（肌肉）胃、肠和肛门。而双壳纲动物甚至用鳃过滤食物。

循环系统

无脊椎动物不一定有循环系统，例如上述的刺胞动物、扁形动物、缓步动物和线形动物。而有循环系统的动物，又有如软体动物的开放式循环系统（头足动物的循环系统有向闭合式的趋向）和环节动物的闭合循环系统。

循环系统的任务是运输。它将呼吸系统里的氧气和消化系统的营养物质运输到身体的其他地方，而将代谢废物运输到排泄器官。

呼吸器官

无脊椎动物和其他生物一样，需要氧化能源物质获得能量，这个过程需要呼吸系统提供氧气。无脊椎动物最常见的呼吸器官是鳃。但昆虫的呼吸器官却是气管，它们开口于体表的可关闭的气门，往体内不断细分，不经过循环系统直接将氧气运输到细胞的线粒体旁边，非常有效的一套呼吸系统。

生殖情况

无脊椎动物的繁殖形式多样，首先分为有性跟无性两种。有些动物，如刺胞动物和寄生虫线形动物，有世代交替现象。如果动物是雌雄同体，还会出现自体交配现象。

无性生殖常见的形式是出芽生殖，见于刺胞动物的无性世代。

有性生殖的特点是，生殖通过生殖细胞的结合完成。而生殖过程可以是由一者单独完成，但更常见是两个个体通过各自提供不同的交配类型的生殖细胞去共同完成。前者见于猪肉绦虫，它后部性成熟的体节会受精于后一节体节。蚯蚓也会偶尔看到自身交配现象。

交配中的蜗牛

两个个体交配时，双方通常分别是雌雄异体的一方（蚯蚓、蜗牛虽是雌雄同体，但它们的交配时却只扮演一种性别角色）。无脊椎动物的交配形式可谓千奇百怪。蚯蚓交配双方利用生殖带分泌的液体粘在一起。一方的生殖带正对另一方生殖孔。一方的精子从雄性生殖孔排出，顺着自身体表的自己精子沟到达对方精子袋中被储存，等待与对方的卵子受精。

雄性蝎子有一个特殊的生殖器官，叫精囊，内藏精子。它通过分泌物将精囊粘着在地上。雄蝎子对雌蝎子跳求爱舞，先用尾部扫动地面，引起雌蝎子注意。然后两者双螯相抵，互相牵拉。雄蝎子会用毒针蜇一下雌蝎子，并释放少量毒素，以麻痹迷魂雌蝎子。然后雄蝎子播下精囊，牵拉雌性蝎子，使之腹部的生殖部位与精囊开口接触，获得精子。雌性在交配过程中会尝试吃掉雄性蝎子。

雄马陆将精囊放置在高处，然后离开。雌马陆后来会发现精囊并取走，然后发生受精过程。

环节动物的多毛纲，会使用裂殖生殖，即脱离含有生殖细胞的身体部分，使之在水中完成受精。蜗牛身上有含 $CaCO_3$ 的"爱情之箭"。交配双方通过数次前戏，就是互相磨蹭（中途会因疲倦而休息），双方达到兴奋状态。然后向对方射出"爱情之箭"，达到高潮，交换生殖细胞。

世代交替，以水母为例。水母会通过精卵融合的有性生殖方式，生育出水螅。水螅然后经过无性生殖，即旁支出芽分裂，经过叠生体和蝶状幼体阶段再次成为水母。

知识点

无脊椎动物学

无脊椎动物学是动物学的一个分支学科。在动物分类中，根据动物身体中有没有脊椎骨而分成脊椎动物和无脊椎动物两大类。研究无脊椎动物的分类、形态、生理特点、地理分布、繁殖、进化等的科学，叫无脊椎动物学。无脊椎动物学中包括：原生动物学、蠕虫学、昆虫学、软体动物学、甲壳动物学等。

无脊椎动物的进化史

地球上无脊椎动物的出现至少早于脊椎动物1亿年。大多数无脊椎动物化石见于古生代寒武纪，当时已有节肢动物三叶虫及腕足动物，随后发展了古头足类及古棘皮动物的种类。到古生代末期，古老类型的生物大规模绝灭。中生代还存在软体动物的古老类型（如菊石），到末期即逐渐绝灭，软体动物现代属种大量出现。到新生代演化成现代类型众多的无脊椎动物，而在古生代盛极一时的腕足动物至今只残存少数代表（如海豆芽）。

无脊椎动物笔石是奥陶纪最奇异而特殊的类群。自早奥陶世开始，即已兴盛繁育，广泛分布，有的固着，有的匍匐，有的游移，有的漂浮。奥陶纪的笔石主要是正笔石目的科属，如对笔石、叶笔石、四笔石、栅笔石等。

因为无脊椎动物体内没有调温系统，随外

菊石化石

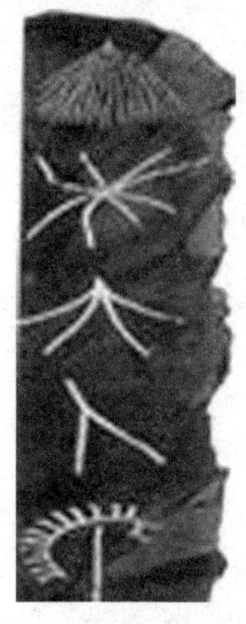

笔 石

界温度的变化，代谢速度也发生变化。直到高等的软骨鱼类，如鲨鱼出现调温机制，为温血动物。真正意义上的恒温动物应该从鸟类开始。在形形色色的无脊椎动物中，哪一门类是脊索动物的祖先呢？近100余年，许多动物学工作者提出了种种的假说。这里介绍比较重要的两个假说：

1. 环节动物论。认为脊索动物起源于环节动物，指出这两类动物都是两侧对称和分节的，都有分节的排泄器官和发达的体腔，都是密闭式的循环系统。如果把一个环节动物的背腹倒置，则腹神经索就变得和脊索动物的背神经管位置一样了；心脏的位置和血流的方向也就同于脊索动物。但是，这样背腹倒置的论点也是不能自圆其说的。例如，这样口就变得在背侧，脑就在腹侧，和脊索动物也并不一样，而且脊索、鳃裂以及胚胎发育等方面的差异，都无法解释。因此，这一假说目前已被遗弃。

2. 棘皮动物论。认为脊索动物起源于棘皮动物。这是基于胚胎发育的研究。棘皮动物在胚胎发育过程中属于后口动物，同时以体腔囊法形成体腔，和一般无脊椎动物不同，但却和脊索动物相似。另外，棘皮动物的幼体——短腕幼虫，和半索动物的幼体——柱头幼虫，在形态结构上非常近似。半索动物在动物界的地位是处于无脊椎动物与脊索动物之间的过渡地位。生物化学方面的研究也证明棘皮动物和半索动物有较近的亲缘关系。这两类动物的肌肉中都同时含有肌酸和精氨酸，一方面表明这两类动物亲缘关系较近，另一方面也表明这两类动物是处于无脊椎动物（仅有精氨酸）和脊索动物（仅具肌酸）之间的过渡地位。基于上述原因，持棘皮动物论者认为棘皮动物和脊索动物来自共同的祖先。

两种假说中，以后一种假说赞同者较多，可能是正确的，虽然还没有直接的化石证据。

至于脊索动物的祖先，推想是一种蠕虫状的后口动物，它们具有脊索、背神经管和鳃裂。这种假想的祖先可以称之为原始无头类。原始无头类有两个特化的分支，即尾索动物和头索动物。由原始无头类的主干演化出原始有头类，即脊椎动物的祖先。

原始有头类以后向两个方向发展：一支进化成比较原始、没有上下颌的无颌类（甲胄鱼和圆口类）；另一支进化成具有上下颌的有颌类，即鱼类的祖先。

海　参

海参，属海参纲，是生活在海边至海洋深处的海洋软体动物，距今已有六亿多年的历史，海参以海底藻类和浮游生物为食。海参全身长满肉刺，广布于世界各海洋中。我国南海沿岸种类较多，约有二十余种海参可供食用，海参同人参、燕窝、鱼翅齐名，是世界八大珍品之一。海参不仅是珍贵的食品，也是名贵的药材。据《本草纲目拾遗》中记载：海参，味甘咸，补肾，益精髓，摄小便，壮阳疗痿，其性温补，足敌人参，故名海参。现代研究表明，海参具有提高记忆力、延缓性腺衰老，防止动脉硬化、糖尿病以及抗肿瘤等作用。

三叶虫的进化

从奥陶纪到泥盆纪末的一些三叶虫（比如裂肋三叶虫目）进化出了非常巧妙的脊椎似的结构。在摩洛哥就发现了这样的化石。此外在俄罗斯西部、美国俄克拉荷马州以及加拿大安大略省也有带脊椎结构的化石被发现。这种脊椎结构可能是对于鱼的出现的一种抵抗反应。

三叶虫的大小在 1 毫米至 72 厘米之间，典型的大小在 2 至 7 厘米间。

经过各国古生物学家多年的研究，认为三叶虫具有复杂的发育阶段。三叶虫为雌雄异体，卵生，个体发育过程中经过周期性蜕壳，在个体发育过程中，形态变化很大。一般划分为 3 期：幼虫、中年期、成年期。三叶虫纲可以分为 7 目：球接子目、莱得利基虫目、耸棒头虫目、褶颊虫目、

三叶虫化石

镜眼虫目、裂肋虫目及齿肋虫目。

幼年期的三叶虫除身体很小外，常常凸起明显，头部与尾部区分不明显，没有胸节，虫体呈圆球状。以后，随着三叶虫不断生长，胸节逐渐增加，当胸节全部长成不再增加时就进入成年期，此时意味着三叶虫已达到性成熟阶段，能够生儿育女了。

三叶虫每蜕一次壳，身体都会增大，壳上的刺、瘤甚至尾甲的分节数也会增加。

三叶虫长大以后就可以在海洋中无忧无虑地生活了。至今为止，人们还没有在陆相地层中发现三叶虫化石，这说明这种动物确实只生存在海洋里。由于三叶虫化石常常与珊瑚、腕足动物、头足动物共同出现，表明它们都喜欢生活在比较温暖的浅海，在那里，三叶虫以各种微小的生物为食，或者也对海草及动物的尸体感兴趣。可以肯定，它们不具有主动攻击的能力，因为三叶虫没有良好的游泳器官，也不具备流线型的体形，在水中行进的速度较慢。从它们的坚固背甲可以想象，一旦有凶猛的动物（如鹦鹉螺类）向它们摆出进攻的架势时，三叶虫会迅速把身体蜷起，像穿山甲那样把自己保护起来，悄悄沉入海底。

三叶虫自从在寒武纪早期出现以后，在整个系统演化中各部主要构造特点也逐渐发生相应的变化，这些变化规律主要有下列几方面：1. 头鞍形态的变化：寒武纪早期的原始三叶虫的头鞍形态多为长圆锥形，凸起也不显著。往后到了寒武纪中期以后，头鞍逐渐缩短，两侧趋向平行，成为圆柱形，甚至有的成了球形。到了寒武纪晚期及以后的三叶虫，甚至头鞍与其两侧的颊部分界也不清楚了。2. 面线后支所在位置的变化：早期三叶虫的面线后支

（即眼睛之后的那段面线）终点常与头部的后边缘或两颊角相交；往后到了奥陶纪以后的类型，则常与头部的两旁侧缘相交。3. 眼的变化：某些三叶虫的眼睛早期是新月形的，随后逐渐变小，最后消失。另一类复眼比较发达的三叶虫，眼睛则由小变大，最后会出现眼柄，眼睛则长在高高耸起的眼柄顶端上。志留纪的许多三叶虫就属于这一类。4. 身体周围长刺的变化：寒武纪和奥陶纪的三叶虫很少长刺，而志留纪及其以后的类型长刺较为多见，而且刺比以前的也更加复杂。5. 胸节由多变少，尾部由小变大，头鞍上的横沟由多到少等等趋势也在许多类型的三叶虫中显示出来。

三叶虫的祖先可能是类似于节肢动物的动物，如斯普里格蠕虫或其他隐生宙埃迪卡拉纪时期类似三叶虫的动物。早期三叶虫与伯吉斯页岩和其他寒武纪的节肢动物化石有许多类似的地方。因此三叶虫与其他节肢动物可能在埃迪卡拉纪和寒武纪的交界之前有共同的祖先。

三叶虫发展迅速，在寒武纪晚期达到繁育高点的时代。为了适应不同的生活环境，形态演变多种多样。有的头、胸、尾三部分大小相等，壳体缓平，头、尾都缺少明显的装饰，如大头虫；有的头部既宽且大，前缘被一条平阔的围边所环绕，其上还排列着整齐的瘤粒，如隐三瘤虫；有的为了免于受害，在胸、尾装饰着尖长的针刺，如裂肋虫；有的壳体还能够卷曲成为球状，如隐头虫。奥陶纪还出现了另一类节肢动物，即介形类。

三叶虫灭绝的具体原因不明，但是志留纪和泥盆纪时期两腭强大，互相之间由关节连接的鲨鱼和其他早期鱼类的出现与同时出现的三叶虫数量的减少似乎有关。三叶虫为这些新动物可能提供了丰富的食物。

此外到二叠纪后期时三叶虫的数量和种类已经相当少了，这无疑为它们在二叠纪——三叠纪灭绝事件中的灭绝提供了条件。此前的奥陶纪——志留纪灭绝事件虽然没有后来的二叠纪——三叠纪灭绝事件那么严重，但是也已经大大地减少了三叶虫的多样性。

奇　虾

奇虾是一类已经灭绝的大型无脊椎动物，化石表明这种动物口器有十几

排牙齿，直径有 25 厘米，粪便化石长 10 厘米，粗 5 厘米。由此推测，奇虾体长可能超过 2 米。奇虾最初在加拿大发现，当时只发现一只前爪的化石，被误认为是虾的尾巴。科学家还想象了一个虾头，由于它不是虾，所以命名为奇虾。1994 年，我国科学家在帽天山发现完整的奇虾化石，纠正了从前的错误，所谓的"尾巴"其实是它的爪子。

科学家在奇虾粪便化石中发现小型带壳动物的残体，这说明它是寒武纪海洋中的食肉动物，是海洋世界的统治者和食物最终的消费者。奇虾的发现表明，当时海洋确实存在完整的食物链。新的研究发现，奇虾的捕食肢能弯曲，腿能在海底行走，不过它的附肢没有分化，节之间缺少关节。

菊石概说

菊石是软体动物门头足纲的一个亚纲，是已绝灭的海生无脊椎动物，生存于中奥陶纪至晚白垩纪。它最早出现在古生代泥盆纪初期（距今约 4 亿年），繁盛于中生代（距今约 2.25 亿年），广泛分布于世界各地的三叠纪海洋中，白垩纪末期（距今约 6500 万年）绝迹。菊石通常分为 9 目约 80 个超科，约 280 个科和约 2000 个属以及许多种和亚种等。

菊石是由鹦鹉螺（现在仍然存活在深海中）演化而来的，属于头足类动物，运动的器官在头部。体外有一个硬壳，与鹦鹉螺的形状相似。菊石类壳体的大小差别很大，一般的壳只有几厘米或者几十厘米，最小的仅有 1 厘米；最大的比农村的大磨盘还要大，可达到 2 米。

壳的形状多种多样，有三角形、锥形和旋转形。总体来说有外卷圆形壳、内卷圆形壳、杆形壳、塔形壳、外卷三角形壳、不规则旋卷壳等等。圆形内、外卷的壳在菊石中占绝大多数。菊石的壳也分前、后、背、腹。这一点与现代鹦鹉螺是一样的，开口的一方为前方，原壳处为后方。旋环的外部为腹，与腹部相对应的面为背。

在头足类的进化过程中，现在惟有鹦鹉螺还背负着一个沉甸甸的硬壳，慢慢地在水中游动，依靠硬壳保护自己，而其他的种属在进化中已脱掉硬壳，轻装前进。按照鹦鹉螺的运动方式推断，菊石也是一种游速不快、运动连贯性很差的动物。

在菊石壳的表面有许多的壳饰。壳饰是生长纹和生长线的总称，与螺口平行。有的是与壳体的旋卷方向平行的纵纹，有的是与壳体方向垂直的横纹。

菊石壳以碳酸钙为主要成分，多为平旋的壳。壳体以胎壳为中心在一个平面内

菊　石

旋卷，少数壳体呈直壳、螺卷或其他不规则形状。菊石动物在生长过程中周期性地由外套膜分泌出隔壁，因此壳体可以分为两部分：动物体栖居而没有隔壁的部分，称为住室；具有一系列隔壁的部分是气壳，被相邻两个隔壁所分隔的空间叫做气室；隔壁与壳壁的接触线叫做缝合线；每一个隔壁有一个圆形隔壁孔，为体管所在位置，通常位于腹部边缘，少数在背部或近中心位置。壳体表面有时平滑，有时有生长线纹、纵旋线纹、横肋、瘤、刺、沟、脊等装饰，菊石的壳口覆以口盖。菊石的系统分类中缝合线的特征具有特别重要的意义。每条缝合线可以分为壳体外表面的一段叫外缝合线，背部表面的一段叫内缝合线。缝合线的基本要素是叶和鞍。叶是缝合线向后弯曲的部分，鞍则是向前弯曲的部分。按照叶和鞍分布的位置，分别称为腹叶（或腹鞍）、背叶（或背鞍）、侧叶（或侧鞍）等。在侧面未完全变成独立的鞍和叶的一系列褶曲称为肋线系。按照叶和鞍的形态，可以将菊石缝合线归纳为无棱菊石式、棱菊石式、齿菊石式和菊石式。

软体部分出口也就是壳口。壳口的形状也不尽相同，有圆形、椭圆形，普遍有腹弯。壳口有盖，被称为口盖。其成分为石灰质或角质。当软体部分收缩进壳以后，口盖将口紧密盖好以保护软体部分。口盖在泥盆纪的早期才出现，分成两大类：一类是在三叠纪出现的单口盖，口盖为一片角质包薄片，

它不能完全封闭口部；另一类是在中生代侏罗纪和白垩纪才出现的双口盖，由一对大致呈三角形微微向外凸出的石灰质片组成。

菊石化石均产于浅海沉积的地层中，并与许多海生生物化石共生。通过研究，推测菊石栖居在热带至温带的有一定深度的海域，壳壁较厚和具粗强壳饰的类型是较不活动的类型；壳壁较薄、表面平滑和具尖饼状壳形者是较活动的栖居于较深水体的类型。菊石是划分和对比地层最有效的标准化石，可划分出颇为精细的菊石带。在中国古生代和中生代地层中所含的各种菊石，对研究都具有重要的意义。

我国西藏的珠穆朗玛峰地区有大量的菊石化石，甚至随手可得，因为在2亿多年前，那里曾经是古喜马拉雅海，由于造山运动，地壳上升，海底变成了高山。因此，生活在海洋底层的菊石，就呈现在地面上，成为喜马拉雅山地壳运动变化的见证物，同时也为研究当地的古生态环境提供了有力的证据。

云南虫

云南虫，身体呈蠕形，一般长3~4厘米，大者可以长到6厘米。1991年侯先光研究员首先发现并为其命名。它的头部在化石上不易保存，开始曾被认为是特殊的蠕虫。1995年，陈均远等研究者发现它有7对腮弓，可以呼吸，并把食物留在口腔里，这是脊索动物的重要特点，他们便提出了"云南虫是脊索动物"的观点。

云南虫原始的脊索是脊椎的前身，相当柔软，容易受到外力的伤害，似于如今脊髓中的软性物质，身体神经单元集中在脊索上，肢体的感觉可以通过脊索传到全身，脊索的出现提高了动物控制身体的能力和对环境的适应能力。云南虫的发现证明了在澄江动物群中蕴涵着脊椎动物的起源，这是生命演化史上的重大突破。

节肢动物概说

节肢动物门是最大的一门，其外骨骼可以形成化石。从距今约 7 亿～10 亿年前的新元古代地层中人们已发现了节肢动物化石，从早寒武纪开始节肢动物化石大量出现。许多节肢动物化石过去曾作为标准化石用于地层对比。此外还可用于指示沉积环境。

节肢动物是由环节动物进化而来的，如身体分体节，神经系统呈链状，绿腺、颚腺与肾管等构造与体腔管是同源的，叶足与疣足相似，循环系统在消化管背方等。对节肢动物的祖先是一元还是多元有不同说法，主张一元起源的认为环节动物的祖先进化成为类似三叶虫状的原始节肢动物，再由其分两支，一支进化为甲壳纲、多足纲和昆虫纲，另一支进化为肢口纲和蛛形纲。也有人用分支系统学方法把六足类、多足类和有爪类分为一个单系，把甲壳类、有螯肢类、三叶形类分为另一单系。这两个单系互为姐妹群。主张多元起源的，根据幼虫体节的不同，认为可能有 3 个起源，即甲壳纲有一个起源，三叶虫纲、肢口纲、蛛形纲同有一个起源，多足纲和昆虫纲另有起源。

节肢动物的分类有过多种方案，目前分为 4 或 5 个亚门的较为普遍。4 个亚门指三叶、甲壳、螯肢和单枝动物亚门，5 个亚门则把坚角蛛划为独立亚门。在单枝亚门中划分为有爪、多足和六足 3 个超纲。也有一种直接分为三叶、螯肢、坚角蛛、甲壳、有爪、多足、六足、舌形、缓步等 9 个超纲的分类法。在六足超纲中还将原尾、弹尾、双尾、缨尾等目从昆虫纲中分出，独立为纲。随着化石材料的发现和现在节肢动物的新发现和研究的深入，节肢动物的分类学今后可能还会有较大的变化。

节肢动物化石分布极为广泛，在不同地质历史时期的不同地理区内的各种沉积物中都有昆虫化石。尤其因许多节肢动物有脱壳过程，使其几丁质外壳能形成数量上极为丰富的化石。在一些以保存精美著称的著名化石产地常可以见到具软躯体印痕的节肢动物化石。如布尔吉斯动物群、马宗克立克动物群等。在琥珀中保存完好的昆虫化石更是精妙绝伦。

三叶动物亚门是节肢动物门中化石最多的一类，其中以三叶虫纲最为重要。三叶虫纲最早出现于早寒武世，于二叠纪末绝灭。三叶形虫纲代表化石螯肢动物亚门，原始的肢口纲也出现于早寒武世，到二叠纪绝灭，化石分布范围较广；剑尾类现代还有生存。蛛形纲（志留纪—现代）和坚角蛛亚门（泥盆纪—现代）化石都很少。

甲壳动物亚门也出现于早寒武纪，直到现在还有许多现生代表，其中鳃足纲的叶肢介类和介形纲在化石上较重要。软甲纲的叶虾类和真软甲类从寒武纪以后，在许多时代均有发现，中国也已发现贵州中华泡虾。蔓足纲的化石以藤壶为代表，桡足纲化石很少，其他各纲无化石报道。

无脊椎动物中种类最多和适应范围最广的是节肢动物。节肢动物的祖先大概是某种蠕虫类动物。节肢动物在体形上有了重大的进步，如它们的体节分化更为显著，而且分工精细，不同的体节群具有不同的功能。因为身体分化更加复杂，所以对环境的适应能力更强。

节肢动物产生了与躯体有关节相连的附肢，每一附肢本身也分节，节肢动物的名称即由此而来。节肢动物还产生了几丁质的外骨骼（外壳）。这种外壳既能防御敌害和带病微生物的入侵，又不影响本身的活动能力。和软体动物的贝壳相比，节肢动物显然发展了它的优点，又克服了贝壳的缺点。节肢动物有相当发育的肌肉和神经系统，有完善的运动器官。

水生低等动物，作为从蠕形动物发展起来的一支，到节肢动物就已达到了最高峰。节肢动物的化石在寒武纪早期的地层里就已经出现。其中最重要的代表就是三叶虫，三叶虫因为背壳纵向分成一个中轴和两个肋叶，因而得名。它们种类繁多，是早古生代海洋中的主角。现已发现的化石种类有 1 万多种。这是一类较高等的节肢动物，它们的外骨骼中含有碳酸钙沉淀物，容易保存为化石。

昆虫概说

大到人类，小到"不起眼"的昆虫，万物皆有其源。昆虫是从古生代的泥盆纪开始出现的，距今已有 3.5 亿年，在地球上的出现比鸟类还要早近 2

亿年。因此，昆虫可称得上是地球上的老住户了。

虽然昆虫的体躯是那样的渺小，在地球上出现得又是那么早，所遗留下来的佐证——化石又是那么稀小，但历代科学家们还是凭着极为丰富的想象力和地壳中保存下来的化石，将其与现存于大自然中的相似活体（活化石）进行对照比较，提供了使人们可以相信的昆虫起源线索。昆虫在地球上的发展史是随着万物的变化、时间的延续和不断的演化、发展而被揭开的。

昆虫最早的祖先是在水中生活的，它的样子像蠕虫，也似蚯蚓，身体分为好多可活动的环节，前端环节上生有刚毛，运动时不断地向周围触摸着，起着感觉作用。在头和第一环节间的下方，有着像是用来取食的小孔。这种身躯构造简单的蠕虫形状的动物，便被认为是环形动物、钩足动物和节肢动物的共同祖先，而且更是昆虫的始祖。

随着时间的延伸，昆虫肢体功能演化，逐渐登上陆地舞台。为了适应陆地生活，它们的身体构造发生了巨大变化，由原来的较多环形体节及附肢，演变成为具有头、胸、腹三大段的体态。这个演化过程大约经历了2亿~3亿年的漫长岁月，而且还以缓慢的步伐不停地继续演变下去。

早期的昆虫从小长到大都是一个模样，所不同的只是身体的节数在变化，性发育由不成熟到成熟。那时它们在体躯上没有明显的可用来飞翔的翅，原来的多条腹足也没有完全退化。后来有些种类的腹足演化成用来跳跃的器官；有些种类还保持着原来的体态。如现今被列为无翅亚纲中的弹尾目、原尾目及双尾目昆虫。随着时间的流逝，大约在泥盆纪末期，有些昆虫才由无翅演化到有翅。

在以后亿万年的漫长历史变迁中，有些种类的昆虫，由于不能适应冰川、洪水、干旱以及地壳移动等外界环境的剧烈变化，就在演变过程中被大自然所淘汰；也有些种类的昆虫，逐渐适应了环境，这就是延续到现在的昆虫。例如天空中飞翔的蜻蜓，仓库及厨房中常见的蟑螂，它们的模样就与数万年前的化石标本没有区别。

大约2.9亿年前，这是昆虫演变最快时期。在这段时间内，许多不同形状的昆虫相继出现，但大多数种类多属于渐进变态的不完全变态类型。在以后的世代中，又有一些种类昆虫从幼期发育到成虫，无论从身体形状到发育

过程都有明显的变化，成为一生中要经过卵、幼虫、蛹、成虫4个不同发育阶段的完全变态类群。

为什么石炭纪成为昆虫的发轫期？这与当时的自然环境有着极为密切的关系。在多种复杂的关系中，与植物的关系最为密切。因为当时大多数种类的昆虫主要以植物为食。

石炭纪时期，大自然中的森林树木已是枝繁叶茂、郁郁葱葱，而且为植物提供水分的沼泽、湖泊又是星罗棋布，这就为植食性的昆虫提供了生存和加速繁衍的良机。但是这优越的生存环境并不十分平静，植食昆虫与植食性的大动物之间，以及以昆虫为食的其他动物之间，展开了一场生与死的激烈竞争，即使是在体型小、貌不惊人的昆虫之间这种竞争也不例外。

在这场求生的殊死搏斗中，并非体大、性猛的种类获胜，反而是许多体形小、食量少、繁殖力强，尤其是以植物为食的昆虫，获得了飞速发展的良机。

昆虫在地球上的生存与发展，并非一帆风顺，也曾经历过几次大的起伏。其中比较突出的一次大的毁灭性灾难，发生在距今2.3亿~1.9亿年前的中生代。那时地球上的气候发生了突如其来的变化，生机勃勃的陆地由于干旱而变成不毛之地，森林绿洲只局限于湖泊岸边和沿海地区的小范围内，这就使植食性昆虫失去了赖以生存的食源。在此阶段的突变中，原来生活于水域中的部分爬行动物，由于水域的缩小而改变着水中的生活习性及身体结构，演变成了会飞的而且由植食性转变成以捕食昆虫为主的始祖鸟，这就使在森林、绿地间飞翔的部分有翅昆虫，失去了生存的领空。但是也有适应性极强的昆虫种类它们仍然借助于自身的种种优势，顽强地延续着自己的种群。

特别值得一提的是，在此期间（大约在1.3亿~0.65亿年前的白垩纪）地球上的近代植物群落的形成，特别是显花植物种类的增加，各种依靠花蜜生活的昆虫种类（如鳞翅目昆虫）以及捕食性昆虫（如螳螂目等昆虫）便与日俱增；随着哺乳动物及鸟类家庭的兴旺，靠营体外寄生生活的食毛目、虱目、蚤目等昆虫也随之而生，这样便逐渐形成了五彩缤纷的昆虫世界。

昆 虫

　　昆虫是动物界中无脊椎动物的节肢动物门昆虫纲的动物，是所有生物中种类及数量最多的一群，是世界上最繁盛的动物，目前已发现 100 多万种昆虫。其基本特点是体躯 3 段头、胸、腹，2 对翅膀 3 对足；1 对触角头上生，骨骼包在体外部；一生形态多变化，遍布全球旺家族。昆虫的构造有异于脊椎动物，它们的身体并没有内骨骼的支持，外裹一层由几丁质（英文 chitin）构成的壳。这层壳会分节以利于运动，犹如骑士的甲胄。昆虫在生态圈中扮演着很重要的角色。虫媒花需要得到昆虫的帮助，才能传播花粉。而蜜蜂采集的蜂蜜，也是人们喜欢的食品之一。